调控流域环境水文过程及其数值模拟

翟晓燕　张永勇　等　著

中国水利水电出版社
www.waterpub.com.cn

·北京·

内 容 提 要

　　本书阐述了流域环境水文过程的内在机理、环境变化的作用机制和相关研究进展，以淮河流域和新安江流域为研究对象，系统介绍了调控流域环境水文过程数值模拟技术方法和成果。主要内容包括：调控河流环境水文要素变化诊断和归因分析；调控河网水文-水动力-水质耦合模拟和人类活动效应量化；流域非点源污染量化和气候变化影响评估。本书为调控流域水污染的形成与演变规律提供技术支撑，也为流域水污染防治和水资源可持续开发与利用提供重要的参考价值。

　　本书可供水资源、水环境、水利工程、地理、资源及有关专业科技工作者和管理人员使用和参考。

图书在版编目（ＣＩＰ）数据

　　调控流域环境水文过程及其数值模拟 / 翟晓燕等著
. -- 北京 ：中国水利水电出版社，2023.3
　ISBN 978-7-5226-1424-3

　Ⅰ．①调… Ⅱ．①翟… Ⅲ．①流域环境－水循环－数值模拟 Ⅳ．①P339②X321.2

中国国家版本馆CIP数据核字(2023)第038067号

审图号：GS京（2022）0704 号

书　　名	**调控流域环境水文过程及其数值模拟** TIAOKONG LIUYU HUANJING SHUIWEN GUOCHENG JI QI SHUZHI MONI
作　　者	翟晓燕　张永勇　等著
出版发行	中国水利水电出版社 （北京市海淀区玉渊潭南路1号D座　100038） 网址：www.waterpub.com.cn E-mail：sales@mwr.gov.cn 电话：（010）68545888（营销中心）
经　　售	北京科水图书销售有限公司 电话：（010）68545874、63202643 全国各地新华书店和相关出版物销售网点
排　　版	中国水利水电出版社微机排版中心
印　　刷	北京中献拓方科技发展有限公司
规　　格	170mm×240mm　16开本　13.75印张　269千字
版　　次	2023年3月第1版　2023年3月第1次印刷
定　　价	**70.00**元

前 言

　　流域水质恶化已成为当前国内外流域管理面临的严峻水问题之一，对全球水安全构成了严重威胁。水质水量综合管理是解决全球水污染问题的热点议题之一，采用流域数值模型详细刻画流域环境水文过程对流域水质水量综合管理、水环境改善等具有重要意义。然而，由于强烈的人类活动干扰及气候变化强迫，水文过程固有的非线性和时变等特性越加显著，难以用单一模型准确描述，需充分利用水文统计模型、水文模型、水动力模型以及水质模型等的优势，以准确有效地描述调控流域主要环境水文过程的时空变化，识别并量化人类活动及气候变化所引发的水文情势变化及潜在的水质问题。

　　本书以分析流域环境水文过程内在机理及环境变化的影响机制为基础，采用多元统计分析和流域数值模拟等技术手段，检测了流域环境水文要素时空特征及其影响因子，构建了调控流域环境水文过程数值模型，提出了环境变化对流域环境水文过程的影响评估方法，量化了点源污染排放、非点源污染流失、闸坝调控等多种人类活动和气候变化对径流和污染物运移的影响，并在高度调控和污染的淮河流域、非点源污染较为严重的新安江流域开展应用研究。研究可为调控流域水污染的形成与演变规律提供技术支撑，也为流域水污染防治和水资源可持续开发与利用提供重要的参考价值。研究得到了国家自然科学基金青年基金项目（41807171）、面上基金项目（42071041）和国家水体污染控制与治理科技重大专项课题（2012ZX07204-006）的支持。

　　全书共分为7章。第1章简要论述了气候变化和人类活动对流域环境水文过程影响研究的意义、国内外研究进展和研究思路；第2章详细阐述了流域环境水文过程的内在机理及环境变化的作用机制，提出了调控流域环境水文过程数值模拟的研究框架；第3章诊断分析了调控河流环境水文要素的时空变化特征及人类活动影响；第4章构建了调控河网水文-水动力-水质耦合模型，量化了淮河流域污染源和闸坝调控的水文环境效应；第 5 章基于非线性降水-径流-污染物响应方程分析了多种因素对坡面水及污染物运移过程的影响；第 6 章构建了流域非点源污染模型，识别了新安江流域营养物流失的关键区域和气候变化的影响；第 7 章总结了主要研究成果，展望了需进一步深入研究的关键问题。在研究工作中，得到了武汉大学、中国科学院地理科学与资源研究所、淮河水利委员会、淮河流域水资源保护局等单位领导、专家和工作人员的大力支持和指导。同时也感谢中国水利水电出版社的编辑为本书出版付出的辛勤劳动。

由于调控流域环境水文过程内在机理和环境变化影响机制极为复杂，涉及水文、环境、水工、气象等多学科和专业领域，加之受作者理论水平和经验限制，书中谬误和不足之处在所难免，今后还需要进一步加强研究，敬请广大读者批评指正。

作者

2021 年 12 月

目 录

第 1 章
概述

1.1 研究背景

在自然和人类社会的胁迫下，可用水匮乏以及水体污染等水危机问题越来越突出，对全球水安全构成了严重的威胁，其中，最为突出且难以解决的即为水环境恶化。尤其是在中国这种区域气候多样化、水资源时空分配不均、洪涝灾害频繁、水污染严重的发展中国家。全球约 80% 的人口处于水危机的威胁之下，截至 2011 年仍有 7.68 亿人口的饮用水安全无法得到保障。经济合作及发展组织（Organisation for Economic Cooperation and Development，OECD）以及巴西、俄罗斯、印度和中国等国家每年在水利基础建设上投资 8000 亿美元可能仍无法应对水危机问题（Vörösmarty et al.，2010）。受强烈人类活动和全球气候变暖等影响，流域水循环及其伴随的污染物迁移转化过程已受到明显扰动，导致水体功能、生态和环境系统遭受灾害性影响，并将威胁水资源的有效利用率、食物安全和公共健康。

导致流域水质恶化的主要原因包括自然界水-岩相互作用、工业市政废水排放、营养物质流失以及过度的闸坝建设和调控等。其中，尤以人类活动的影响最为直接和剧烈。2013 年全国化学需氧量和氨氮排放总量分别为 2352.7 万 t 和 245.7 万 t。2018 年全国约 34% 的水功能区水质不达标，特别是在闸坝密集的淮河流域约 39% 的河段水质劣于Ⅲ类，省界断面达标测次比例约为 52%。据统计，我国每年因水污染引起的经济损失近 2400 亿元。2011 年随着水资源管理的"三条红线"和"三项制度"的提出，明确建立了严格控制水功能区排污总量的制度，提出到 2020 年明显改善主要江河湖泊水功能区的水质状况等，将显著促进流域水资源开发与经济社会可持续发展。然而，无法定点监测、时空变化较大的非点源污染却难以防治，也已经成为我国流域水污染的主要污染源之一（夏军 等，2012）。水环境非点源污染源多且成分复杂，地表污染物被降水产生的径流冲刷进入并污染各种水体，继而引发严重的生态环境问题。污染源强主要包括农田径流、畜禽养殖污水、农村生活污水、城市和矿山径流等，涉及氮、磷、生化需氧量、溶解氧、农药、泥沙等水质参数。农业和城市化是目前全球最重要的两大面源污染来源。非点源污染已造成全球约一半的地表遭受污染，美国江河中73%的生化需氧量、92%的悬浮物和83%的细菌均来自非点源，欧洲因农业活动输入北海河口的总氮和总磷分别占60%和25%。我国不同地区造成非点源污染的主要污染源不一，主要为农田施肥流失型，其次包括水土流失和牲畜粪便流失等类型。

此外，水利工程的修建与管理是全世界尤其是发展中国家流域可持续管理的重要组成部分。流域水利工程的水文、环境效应研究是当前国内外资源、环境、生态保护研究中前沿性的热点问题之一。淮河流域作为我国第六大流域，是流域平均人口密度最大、水利工程最多、水污染问题最严峻的地区，流域内已修建大中型水库5400多座和水闸4200多座，基本形成了一套比较完备的水利工程系统（张永勇 等，2011）。然而，流域内83%以上的河流达不到国家水质标准，将近90%的水库存在富营养化现象。随着流域经济社会的快速发展和排污的加剧，水污染灾害已成为以淮河流域为代表的流域水患灾害中新的突出问题。此外，虽然气候变化的影响研究早已提上议程。然而直至2007年，政府间气候变化专门委员会（Intergovernmental Panel on Climate Change，IPCC）第四次报告中才强调了气候变化与水生态、水环境的影响研究。气候变化对水环境的影响是当前气候变化研究进展中的重大战略问题，二者之间复杂的作用机理需不断地深入探讨和识别。

流域水量水质综合管理是应对变化环境下全球水污染危机的重要手段之一（Vörösmarty et al.，2010），良好的水资源管理战略可有效地保护生物多样性与人类水安全。特别地，采用流域数值模型详细刻画流域环境水文过程，对流域水资源综合管理、水污染灾害缓解等具有重要意义，也是水文学、水环境学和灾害学研究长期关注的热点问题。然而，由于强烈的人类活动干扰，水文及伴随的营养物过程所固有的非线性和时变等特性越加显著，难以用单一模型准确描述，迫切需要充分利用流域水文模型、动力学模型和水文统计模型的优势，加强调控流域环境水文过程演变规律的探索和研究。本书以分析流域环境水文过程内在机理及环境变化的影响机制为基础，通过多元统计分析和流域数值模拟等技术手段，检测了调控流域环境水文要素时空特征及其影响因子，构建了调控流域环境水文过程数值模型，用以准确刻画流域水文及伴随的水质迁移转化过程，提出了环境变化对流域环境水文过程的影响评估方法，量化了点源污染排放、非点源污染流失、闸坝调控等多种人类活动和气候变化对径流和污染物运移的干扰程度。以高度调控、污染的淮河流域和非点源污染较为严重的新安江流域为研究对象开展应用研究。研究可为调控流域水污染的形成与演变规律提供技术支撑，也为流域水污染防治和水资源可持续开发与利用提供重要的参考价值。

1.2 国内外研究进展

1.2.1 流域水循环研究

水资源是研究全球变化的三大主题之一，也是联系地球系统岩石圈、生物圈和大气圈的纽带。研究水资源演变的基础便是水文循环。流域水循环过程涉及降水、蒸发、下渗、径流等多个复杂过程，并在流域产汇流过程中表现出了强烈的非线性特质。尤其是在气候变化和人类活动扰动的背景下，洪涝、干旱、水污染和水生态退化等水危机问题日益严峻，流域水循环过程正在发生变化。流域水循环研究主要集中在流域坡面、河网水文过程等方面。

1.2.1.1 流域坡面水文过程

流域坡面水文过程可看作是对降雨过程的响应，与气候特征、流域属性以及土地利用变化和闸坝调控等人类活动有关。上述过程一般可采用系统分析方法、物理方法以及随机技术等模拟。由于需要输入的资料要求较低、应用简便、计算效率高等，系统分析方法在全球范围内应用较为广泛，如经验关系法、相关图法和假设水库法等；但上述方法的理论基础较为薄弱，且一般忽略了下垫面的空间异质性。基于水动力学的物理方法试图表明下垫面调蓄对径流过程的影响，但由于目前探测技术水平、计算效率以及对自然界物理过程的认知能力仍较为有限，仍无法详尽而准确地描述上述过程。通过分析历史监测资料的统计特性，进行水文序列的插补延长，可有效地进行风险和脆弱性分析，但仍需进一步深入地分析水文过程的物理和统计属性，构建非参数化、非线性的系统模型。

一般而言，降雨径流过程通常被简化认为是线性时不变的系统，而忽略了上述自然现象中所存在的非线性特质。张东辉等（2007）总结得出，复杂开放的自然流域系统受流域组织形态、流域内部水文过程及与外部环境间的相互影响、不同时空尺度下主控因子不同等影响，水文过程存在强烈的非线性特质。国内外已开展了大量研究，如1960年Minshall开展了小流域产流规律实验，1980年中国科学院地理科学与资源研究所、1981年铁道部科学院西南研究所等进行了室内人工降雨实验等，表明流域面积、雨强、暴雨中心、下垫面条件等是影响单位线形状、流域非线性蓄泄关系等的重要因子。

水文非线性系统通常基于系统输入 x 和输出 y，采用变动核函数法或具有普适性的 Volterra 泛函数级（响应函数法）描述，见式（1-1）和式（1-2）。

$$y(t) = \int_0^t h\big[x(t-\tau), \tau\big] x(t-\tau)\mathrm{d}\tau \qquad (1-1)$$

3

$$y(t) = h_0 + \sum_{m=1}^{n} \int_0^t \cdots \int_0^t h_n(\tau_1, \cdots, \tau_m) \prod_{j=1}^{m} u(t - \tau_j) d\tau_1 \cdots d\tau_m \qquad (1-2)$$

式中：x 为系统输入；y 为系统输出；$h[x(t-\tau), \tau]$ 为变动核函数；$h_n(\cdot)$ 为 n 阶系统响应函数；n 为系统的非线性响应程度；τ 为时间变量；t 为时刻值。

采用雨强、暴雨中心等修正单位线即属于变动核函数法。泛函级数于 20 世纪 60 年代开始引入水文非线性领域，其中 $h_n(\cdot)$ 根据实测信息系统识别得到，不受限于先验假设，尤其适于复杂流域系统，瞬时单位线即为一阶泛函级数的特例。针对高阶级数求解困难的情况，目前，已有不同的简化形式提出。夏军（2002）于 1989—1995 年期间提出了具有时变产流特性的时变增益水文模型（Time Variant Gain Model，TVGM），并可表示为 Volterra 二阶泛函级数，已在我国黄河、淮河、黑河、潮白河、拉萨河、永定河等多个流域得到检验。康玲等（2006）提出了基于 Volterra 泛函结构的神经网络模型，采用多项式激活函数，由实测的降雨径流资料确定神经元个数，模型求解较为简便，在清江和欧阳海流域应用效果较好。Maheswaran 等（2012）集合了小波分析与 Volterra 模型，采用卡尔曼滤波在线识别其二阶核函数，并用于印度 Cauvery 流域月尺度非线性降雨径流预报。

1.2.1.2 河网水文过程

天然河道的水流一般随时间发生缓慢的波动，表现为缓变不稳定流。在无区间入流的河道，受河网调蓄作用，洪水波在河道发生传播时会发生坦化和推移。A. de Chezy 于 1769 年提出了明槽均匀流公式，用以描述均匀流运动。Saint Venant 于 1871 年提出了包括水流连续方程和运动方程的圣维南方程组，为研究流域坡面和河网水流运动奠定了基础。该偏微分方程组尚无法求得其解析解，通常采用数学离散方法，结合提供的初始和边界条件，可以求得动力波的数值解。完全圣维南方程组描述的水流波动较为复杂，包括压力项、惯性力项、阻力项和重力项，通常可根据流域特性，忽略其中次要的作用力，提出了多种简化的圣维南方程形式。水文学中为简便计算，分别将连续方程和运动方程简化为河道水量平衡方程以及槽蓄方程，并提出了不同的简化方法。MaCarthy 于 1938 年提出了马斯京根流量演算方法，但该方法仅解决了槽蓄曲线的单值化问题，并未考虑其非线性。Meyer 于 1941 年研究表明浅水河流的滞后作用强于调蓄作用，并提出了滞后演算的简化算法。Г. П. Калинин 和 П. И. Милюков 于 1958 年提出了特征河长法。Cunge 于 1969 年提出了 Muskingum-Cunge（马斯京根-康吉）演算方法描述扩散波的运动。

基于水文学方法进行河道流量演算所需数据少、计算效率高、结果较为合理、应用广泛。此外，简化的圣维南方程组可在一定程度上描述洪水波的对流和扩散过程，计算较简便。大尺度水文模型中多采用 Vorosmarty、马斯京根法、扩散波等简化汇流演算，而忽略了平原河网回水、洪水泛滥以及绳套型水位流量关系等的影响。

近年来，随着 3S 技术的发展、计算机计算能力的提升，流域地形地貌、河道地形、水位等数据越来越易于获取，促进了求解全圣维南方程组的水动力学方法的发展及推广应用。基于圣维南方程组进行河道水动力学洪水预报由来已久，且仅依赖曼宁系数一个参数，较适于土地利用及气候变化情景分析。国外较常见的 FLDWAV、FEQ、HEC - RAS、MIKE11 等水文模型均采用一维非稳态洪水模型预报河流系统的水文过程。目前，成熟的软件包较多，但尚较少被用于分布式水文模型进行大尺度的降雨径流过程预报。相比于水文模型中常采用的汇流方法，求解全圣维南方程组更能准确地描述河道中水流的非恒定流动。自从 1935 年 Stoker 在俄亥俄河成功求解了全圣维南方程组，不同的求解技术应运而生。Goutal 等（2011）构建断面平均圣维南方程组，采用有限体积法离散求解，并与解析解和实验监测数据对比检验模型的精度和稳健性。Mizumura（2012）假定能量坡度等于水面坡度，将圣维南方程组简化为非线性扩散波，得出线性扩散波演算不适于大洪水演算，而非线性扩散波演算能较好地描述洪水运动过程的不对称性。Kim 等（2012）基于分布式水文模型和二维圣维南水动力方程构建 tRIBS - OFM 耦合模型，在 Peacheater Creek 流域模拟了一系列水文情景，该模型可求解水力不衔接、回水、闸坝调控等问题，进行气候变化、土地利用变化的径流响应分析等。Paiva 等（2013）基于大尺度分布式水文模型 MGB - IPH，对索里芒斯河分别采用一维圣维南方程和马斯京根—康吉算法模拟其 1986—1991 年日流量过程，得出大尺度水动力学模型模拟效果优于水文汇流算法，且更适于大流域汇流演算。

国内学者基于线性系统分析的方法，广泛采用马斯京根方法进行河道流量演算，通过试算法或最小二乘法率定参数，并提出多种修正方法以考虑非线性影响。张文华（1965）将槽蓄方程改为马斯京根示储流量的幂函数，并提出非线性的槽蓄方程。华士乾等（1955）于 1955 年提出根据涨洪和落洪段、洪水量级等采用不同的汇流演算参数进行非线性修正。赵人俊（1979）提出长河段河道流量演算应采用分段连续演算。王钦梁（1982）建立了迟滞瞬时汇流曲线，并能较好地用于汉江中下游河道流量演算。翟家瑞（1997）提出了分层马斯京根流量演算方法，以适于复式河道洪水演算，并在黄河、渭河取得了较好的改进效果。

此外，我国采用水动力学方法进行河道流量演算研究起步较晚，主要是采用较为成熟的软件系统进行应用研究，或直接求解圣维南方程组，并与传统的流量演算方法对比考察其适用性。徐祖信等（2005）建立了适于复杂地形和水流条件的一维、二维水动力耦合模型，并在上海市黄浦江的上游地区进行了验

证，表明该模型能较好地反映平原感潮河网的水动力演进特征。吴晓玲等
(2008) 在长江干流寸滩至万县河段构建水动力模型，并采用卡尔曼滤波方法进
行糙率的实时校正，提高了场次洪水的预报精度，但对平原河网的适用性有待
研究。廖庚强 (2013) 在多沙、游荡的柳河彰武新城段建立了 Delft3D 二维模
型，模拟了汛期和枯水期不同来水、来沙和不同工况（橡胶坝）条件下河流水
情及泥沙分布，并表明筑坝可有效减轻河道泥沙淤积。姚成等 (2013) 通过扩
散波模型和马斯京根方法，在皖南山区呈村流域进行汇流演算，研究表明两种
方法进行洪水预报的精度均达到甲级，而且扩散波模型具有一定的物理基础，
可适用于平坦地区和无资料地区的洪水模拟，但不太适于大流域洪水演算。

1.2.2　流域环境水文研究

环境水文学是研究流域水循环与生物地球化学循环相互联系的交叉学科，
包括城市化、水利工程调控等导致的流域水文情势变化对环境系统的影响，以
及水体污染等环境扰动对水文情势的反馈。流域环境水文过程涉及流域坡面、
河网中水体量和质两大属性变化规律的研究。

1.2.2.1　坡面降水径流污染负荷过程

降雨脉冲击溅冲刷地表，地表污染源释放进入径流或吸附到泥沙表面流失
至水体中。上述过程主要受降雨、流域土地利用和土壤属性、水文条件等影响。
流域不透水区域的污染负荷量与污染物前期堆积量及清除率有关，通常采用一
阶冲洗模型估算；透水区域污染负荷量与土壤侵蚀及污染物随水流的迁移过程
有关；水体污染负荷量与降水及其携带的污染物质有关。透水区域一般可采用
土壤养分传输模型、有效深度、等效对流质量传递模拟模型等模拟溶质迁移过
程；或基于土壤侵蚀模型描述非溶解态物质在坡面的流失过程。除了从坡面流
及污染物质的形成与相互作用机理的角度开展研究，国内外学者还试图基于详
尽的实验监测资料，建立具有物理机制的动力学模型来描述坡面流与污染负荷
的迁移转化过程。刘青泉等 (2004) 介绍了目前坡面土壤侵蚀的动力学描述方
法，如基于坡面运动波产流的 WEPP 模型、采用有限差分技术的
KINEROS (Kinematic Erosion Simulate Model) 模型和坡地侵蚀模型等。Yan
等 (2000) 研发了可模拟透水坡面污染物溶解与输移的具有物理机制的数值模
型，包括非稳态二维圣维南方程组、下渗方程和污染物输移方程，可描述坡面
施加的固态污染物的溶解、下渗和冲刷过程，模型率定结果与实验监测数据较
为吻合，但模型验证需要更为详尽的实验监测资料。Wallach 等 (2001) 在土壤
和坡面流系统分别建立水量和溶质质量守恒方程，并分别采用牛顿迭代方法和
二阶四点隐式差分求解。Zhang 等 (2004) 提出了二维流域坡面系统中泥沙和活

性化学物质运移模型，采用有限元法、Lagrangian-Eulerian法等求解保守和非保守物质对流扩散方程。Deng等（2005）基于坡面动力波、溶质输移率对流扩散方程构建了一维坡面数学模型，并采用连续降雨下单一土壤水槽的实验数据验证模型，坡面流呈紊流形态，坡面溶质呈非高斯分布。

此外，国内外学者还基于水文系统理论的方法，根据流域降水和泥沙、氮、磷等污染监测资料，提出了多种简单有效的方法描述坡面污染负荷过程，并可进一步与非线性净雨过程耦合，以考虑水文过程中固有的非线性的特质。Rendon（1978）基于单位线理论提出了适于均匀分布的小流域的单位泥沙曲线，流域内主要悬移质泥沙来源为坡面侵蚀，根据美国Bixler Run流域监测资料推导得到的水量和泥沙单位线形状相似、峰值吻合。Williams（1978）基于瞬时单位泥沙曲线和泥沙汇流方程预测农业流域场次泥沙含量分布，美国得克萨斯州五个流域50场次监测资料表明模型具有较好的适应性。Zingales等（1984）提出了单位质量响应方程，并与Nash瞬时单位线耦合以描述流域非点源污染，该方程可解释降雨-径流关系和污染负荷-径流量中固有的滞后效应，并成功用于意大利威尼斯泄湖流域。Rinaldo等（2005）从随机模型的角度回顾了流域尺度溶质输移过程，并对比分析了Lagrangian模型和质量响应方程模型，指出上述流域尺度非点源污染物质输移均具有较好的理论基础。国内主要采用单位线法、平均浓度法、响应函数法、二元结构溶解态非点源污染负荷模型、概念性坡面产汇沙耦合模型、标准负荷率等方法，并已在国内取得较好的应用效果。

1.2.2.2 河网水质模型

天然水流在河网中发生非恒定流动时，会携带坡面冲刷物进入河道或河流中本底的水体污染物质随时空变化发生物理、生物、化学等反应。采用数学方程描述上述迁移转化过程，即为河流水质模型。一般而言，根据水流形态和排污形式可分为稳态和非稳态水质模型，根据描述变量的空间分布可划分为不同维数的水质模型等。早在1925年，美国Streeter和Phelps便提出了简单的氧平衡模型（Streeter-Phelps，S-P），继而衍生了BOD-DO双线性系统模型，至1970年，发展为六线性系统。期间，Thomas、Dobbins、O'Connor等均对上述一维稳态方程进行了修正，考虑了不同源、汇项的影响，此为河流水质模型发展的初级阶段。20世纪70年代以来，逐渐转向水质模型系统的研发，增加了水质变量，美国环保局分别于1970年和1973年提出了一维QUAL-Ⅰ和QUAL-Ⅱ综合水质模型，并推出了QUAL-2E、QUAL-2K等版本，可模拟15种水质成分的迁移转化。基于GIS平台，耦合HSPF、QUAL-2E等模型，美国环境保护局提出了BASINS水质模型系统。20世纪80年代以来，水质模型系统中逐渐耦合水动力模型、非点源污染模型、大气污染模型等，极大地扩展了流域水质模型的研究范围。1983年，美国环境保护局提出了采用显式差分的 WASP（Water Quality Analysis Simulation Program）模型，包括 DYNHYD 水动力子模型和 EUTRO、TOXI 水质子模型，可模拟常规污染物和有毒污染物的相互作用过程与转化。丹麦水利研究所开发的 MIKE 模型系统可模拟一维至三维水体不同水动力条件下水温、细菌、营养物质、水生生物等反应过程。

在流域系统中，水动力模型可为河网水质演算提供一个准确的流场条件，例如 EFDC、MIKE21 和 HEC-RAS 等模型，均为描述非稳态河网中污染物的迁移转化过程提供了有效的计算先决条件。然而，现有的模型不太适于大流域水量水质综合管理，而且坡面降雨径流及污染负荷过程通常仅被简化为给定的边界条件，尚未与成熟的非点源污染模型耦合，或提供简便有效的坡面-河网间水流、污染物质的动态连接。此外，尽管目前水质模型系统中可模拟的水质变量数目与日俱增，但实测的监测资料不足以验证模型中假设的水质变量迁移转化过程，而且会存在"异参同效"性，反而增加模拟结果的不确定性。

1.2.2.3 流域非点源污染模型

非点源污染指时空上无法定点监测的，与大气、水文、土壤、植被、地质、地貌、地形等环境条件和人类活动密切相关的，可随时随地发生，直接对大气、土壤、水构成污染物的来源，包括大气环境、土壤环境和水环境的非点源（周利，2006）。狭义而言，降雨（尤其是暴雨）径流冲刷地表形成地表漫流，由于农田施肥、农村生活污染及畜禽粪便排放、大气干湿沉降等，堆积的地表污染物通过降水、径流等水文循环过程进入河流、水库、含水层、海湾、湖泊等水体，从而将引起严重的非点源污染，具有随机性、广泛性、滞后性、模糊性、难监测性、潜伏性、研究和控制难度大等特点（夏军 等，2012），是国际研究的热点问题之一。暴雨因子是非点源污染发生的主要驱动力，在全球气候变化背景下，多数陆地地区的强降水事件频率呈现增加趋势，我国降水强度和频率普遍也趋于增加（翟盘茂 等，2007），非点源污染情势亦将日趋严重。因此，气候变化的影响研究也是非点源污染模型亟待研究的方向之一。非点源污染过程的动态监测和量化是合理有效地评价和治理污染的有效途径。

非点源污染模型可模拟非点源污染的形成、迁移转化等，预测规划措施对污染负荷和水质的影响，为非点源污染控制和管理的定量化提供有效的技术手段。完整的模型系统主要包括降雨径流模型、坡面和河道的泥沙侵蚀和输移模型、土壤及水体中污染物迁移转化模型等（雒文生 等，2000）。全球范围内不同时空尺度的非点源污染模型应运而生，并逐渐由统计分析、场次分析和集总模型向机理模型、连续分析和分布式模型发展（夏军 等，2012）。流域长期的土壤侵蚀主要采用由美国水土保持局基于长期的观测资料而提出的通用土壤侵蚀方程（The Universal Soil Loss Equation，USLE）估算，并于 20 世纪 80 年代中期提出了修正形式（Modified Universal Soil Loss Equation，MUSLE），大大提高了预报可靠性。SHE（Systeme Hydrologique Europeen）模型于 1969 年研发，并于 20 世纪 90 年代初进一步提出了第一个具有严格物理意义的连续的分布式水文系统模型 MIKE SHE。20 世纪 70 年代提出了适于集水区管理的半分布式污染物输出系数法；美国农业部农业研究局开发了 CREAMS 模型（Chemicals，Runoff and Erosion from Agricultural Management Systems）；美国乔治亚大学与美国农业部农业研究所（USDA－ARS）共同研发了适于小区域尺度模拟的 GLEAMS 模型（Groundwater Loading Effects on Agricultural Management Systems）；以及分布式 ANSWERS 模型（Areal Nonpoint Source Watershed Environment Response Simulation）。1981 年基于 SWM（Stanford Watershed Model）提出了 HSPF（Hydrological Simulation Program－Fortran）模型。1985 年，美国农业部提出了连续日尺度的水蚀预报模型 WEPP（Water Erosion Prediction Project）。1986 年 USDA－ARS 与明尼苏达污染物防治局研发了流域分布式事件模型 AGNPS（Agricultural Nonpoint Source）。20 世纪 90 年代进一步研发了 ANSWERS 2000 模型和 AnnAGNPS（Annualized AGNPS）模型；美国农业部开发了可连续模拟的适于大、中尺度的流域管理模型 SWAT（Soil and Water Assessment Tool），并被誉为是在农业和森林为主的流域最有前途的非点源模型。常见非点源污染模型对比见表 1－1。自 20 世纪 60 年代以来，我国开展的化学侵蚀和径流研究，被认为是国内非点源污染研究的先导。并于 70 年代、80 年代，逐步引入遥感技术和地理信息系统技术，用于统计决策分析研究。国内长序列的相关监测资料较少，需改进国外模型结构以适于国内不同区域特征和不同时空变异特性的非点源机理研究。

表 1－1　　　　　　常见非点源污染模型对比

模型名称	空间尺度	模型组分	时间步长	参数形式	优 点	缺 点
USLE[I,①,a]	坡地	降雨能量、土壤可蚀性、坡长、坡度、作物覆盖及管理、水土保持措施	年	集总	调查评估水蚀、风蚀导致的土壤流失；公式结构合理、参数代表性普遍、应用范围广；充分考虑了影响土壤侵蚀的主要因子，且各因子相互独立	通用性有限，不太适于垄作、等高耕作及带状耕作措施等；不能描述土壤侵蚀的物理过程；无法预测场次降雨土壤侵蚀；忽略沟谷侵蚀与运移、泥沙沉积

续表

模型名称	空间尺度	模型组分	时间步长	参数形式	优 点	缺 点
MUSLE[II,①,a]	坡地	基本结构同USLE，但修正了各因子	年	集总	可模拟多种流域管理措施下的水土流失状况；可模拟地貌景观的空间演变特性；考虑土壤侵蚀过程；增加场次降雨土壤侵蚀预报	积雪山区及有机土壤侵蚀估算不准确；不能计算坡度大于50%的土壤侵蚀；不符合我国黄土高原等高强度次降雨居侵蚀产沙主导地位的情况；尚未有符合我国国情的各因子测算标准
WEPP[II,①,②,b]	坡地/流域	气候发生器、冬季过程、灌溉、水文过程、土壤、植物生长和残留物分解、地表径流、侵蚀模块	日	分布	可预测不同土地利用方式、不同时间尺度（场次降雨、月、季、年、多年）的径流量、土壤侵蚀量及其空间分布；可模拟不规则坡形的陡坡、土壤、耕作、作物及管理措施对侵蚀的影响	无法模拟较大规模的沟蚀和流水沟道的侵蚀；只能用于田块范围；未考虑风蚀与崩塌等重力侵蚀
CREAMS[II,②,b]	流域	水文、侵蚀或泥沙、化学污染物模块	日	集总	估算农田对地表径流和耕作层以下土壤水的污染，也可单独计算场次降雨的土壤侵蚀；评价不同耕作措施对非点源污染负荷的影响	模型参数较单一，未考虑流域土壤、地形和土地利用状况的差异性，只能用作粗略的计算；地形平坦情况下精度较差
GLEAMS[II,②,b]	流域	水文，侵蚀（产沙）和杀虫剂组件	日	集总	预测和模拟农业管理措施对土壤侵蚀、地表径流、氮磷渗漏淋失等所产生的影响	模拟的最大面积局限于小块土地，不能模拟河道内过程
ANSWERS[III,②,c]	流域	水文、泥沙分散-输送、描述水流路径的组件	30秒（雨期）、日（无雨期）	分布	可计算建筑区域和农业流域的径流量和泥沙流失，模拟土地利用方式对水文和侵蚀响应的影响；可模拟评估最佳管理措施	输入数据复杂，不能模拟各化学物质的相互转换、杀虫剂、深层下渗、壤中流、河道基流、融雪过程

续表

模型名称	空间尺度	模型组分	时间步长	参数形式	优 点	缺 点
ANSWERS 2000[II,②,b]	流域	水文、泥沙输移、营养物质	30秒（雨期）、日（无雨期）	分布	预报农业典型小流域次降雨下的地表径流和土壤侵蚀及污染物流失量，评估最佳管理措施的影响；模拟土地利用方式对水文和侵蚀响应的影响	不能模拟如地下水等子过程；需修改河道中水流和泥沙输移与坡地中输移方程；不适于壤中流为主的流域
AGNPS[III,②,c]	流域	水文、土壤侵蚀、泥沙输移、氮磷	暴雨历时	分布	连续模拟土壤水和地下水中氮平衡，在流域景观特征、水文和土地利用规划等领域有良好的适应性；也适用于数据短缺地区	无法模拟各营养物组分及其在河道中的转化过程，不适于流域物理过程的长期演变及土壤侵蚀时空分布规律等研究
AnnAGNPS[II,②,c]	流域	水文、侵蚀和泥沙输移、化学物质模块	日或以下步长	分布	可计算点源、畜牧养殖场产生的污染物、土坝、水库和集水坑的影响；可模拟评估最佳管理措施	忽略河道沉积泥沙吸附营养物及农药的后续影响，忽略地下水的影响，总磷模拟存在较大的不确定性等；不考虑降水空间差异性
SWAT[II,②,b]	流域	水文、非点源污染负荷模拟、河道污染物迁移转化、湖泊水体水质模块	日	分布	能在资料缺乏地区建模；可预测复杂流域内气候变化及土壤类型、土地覆被变化、农业管理措施等对流域水循环、泥沙、营养物质和农药、作物产量等的长期影响	不能模拟详细的基于事件的洪水和泥沙，日模拟存在系统误差；化肥施用情况模拟与实际不符；模拟流域产流、沙时，应订正坡度；河床描述过于简单；水库演算出流计算过于简化
HSPF[II,②,b]	流域	透水区和不透水区、河流或完全混合型湖泊水库水文水质模块	变化恒定尺度（小时）	分布	允许用水动力学和沉积化学共同作用模拟陆面和土壤污染物径流过程的物理分布式综合模型；连续模拟泥沙、生化需氧量、溶解氧、氮、磷、农药等污染物的迁移转化和负荷	假设模拟区对斯坦福流域水文模型是适用的，污染物在受纳水体的宽度和深度上充分混合，限制了模型的实用性，空间分辨率低

续表

模型名称	空间尺度	模型组分	时间步长	参数形式	优　点	缺　点
SHE[II,②,b]	流域	水流运动、溶解质的平移和扩散、地球化学与生物反应、作物生长和根系区氮的运移过程、土壤侵蚀、双相介质中的孔隙率、灌溉等	变化尺度依据数值的稳定性	分布	综合模拟对流-弥散运移、吸附、生物降解、地球化学过程和大孔隙流问题以及大多数水文、水资源和污染物运移的一般应用；采用整合式的模块化结构，每一组件描述水文循环中一个独立的物理过程	对资料完备性及详细度要求高，不同过程的耦合存在难度；Richards 方程使用有效或有代表性的参数值无法验证模拟的土壤含水条件；模型代码未公开；对蒸散量与河流-含水层相互作用的模拟能力有待提高

注　Ⅰ、Ⅱ、Ⅲ分别为连续、连续/暴雨事件、暴雨事件；①、②分别为坡地和流域尺度；a、b、c分别为经验、物理和概念性模型。

1.2.2.4　流域水质水量耦合模拟

传统的水循环模型已无法满足现实流域综合管理的需要，需要进行水量、水质模型的耦合集成研究，流域管理已从过去的水量管理转向水量水质综合管理。对流域水量水质过程进行数值模拟，对流域水污染防治和水资源可持续利用具有重要的意义，尤其是对于我国高度调控的流域。然而，近年来人类活动越来越频繁，随着流域坡面过程的改变、废污水排放以及过度修建水利工程等，在流域尺度开展数值模拟越来越困难。坡面水文及水环境过程存在的非线性特质、水利工程调控以及水动力求解费时等问题已成为制约水质水量综合模型发展的几个瓶颈问题。

Wu 等（2004）基于一维圣维南方程和一维泥沙输移模型构建了非稳态不均匀泥沙输移模型，并应用于 Pa - Chang 河、Goodwin Creek 等树状河网，可模拟泥沙输移、河床变化等。Sahoo 等（2006）在 Hawaii 的山区河流采用人工神经网络评估骤发洪水及伴随的浑浊度、电导率、溶解氧、pH 值、水温等水质参数，得出天气及土地利用等影响上游水质，下游水质还受潮汐影响，但模拟精度有待提高。张永勇等（2011）在淮河流域基于 SWAT 模型耦合了闸坝调度规则，选取 1991—2000 年水量、氨氮、高锰酸盐指数等过程进行水量水质评估，并评价了闸坝对水量水质的影响程度。Shirangi 等（2008）在 15 - khordad 水库通过耦合多目标遗传优化模型和一维水质模型建立水量水质平衡曲线，实现水量水质联合调度。Zhang 等（2008）基于圣维南方程和一维对流扩散方程，构建了一维非稳态水动力综合水质模型，分别模拟了渭河、Spokane 河道和感潮 Slough 河网的浮游植物、溶解氧、碳化生化需氧量、各形态氮磷等污染浓度过程，该模型可用于树形、环状河网及河网涨退潮水质水量模拟、考虑多污染变量耦合计算等。Cardona 等（2011）分别在 Tajo 流域、Ebro 流域和 Urola 流域采用河流水动力水质模拟软件包（CalHidra 3.0）模拟流域水量水质过程，该软件包包括一维圣维南方程、对流扩散方程和简化的 RWQM1（River Water Quality Model1）生物化学模型，并采用 GLUE 法进行参数校准。宋刚福等（2012）基于圣维南方程和一维对流扩散模型，在郑州市七里河水系建立月尺度城市河流水量水质联合调度模型，以满足城市河流生态需水量。

1.2.3 环境变化影响研究

变化环境下流域水循环及环境水文学的研究主要包括人类活动和气候变化对流域水循环及相伴随的环境过程的影响两大方面。人类活动主要包括水利工程的修筑及调控、土地利用/覆被变化、农田管理措施、点源排污等，直接作用于区域水文及环境水文要素，并通过水文循环及污染物运移过程作用于周边环境，导致河道形态改变、生物多样性锐减、水污染加剧等水问题。气候变化是由自然变率或外部胁迫所导致的气候要素的改变，包括全球气候变暖、臭氧层破坏、酸雨等问题，间接地作用于水循环过程，并影响环境水文要素的时空分布。气候变化导致我国农业生产不稳定、水资源供需矛盾加剧、生态系统退化等（林而达 等，2006）。人类扰动与全球气候变暖是我国流域水资源管理与水污染防治所面临的两大亟待解决的问题。

1.2.3.1 闸坝效应

自然流域下垫面特征、降水时空异质性以及水流的非恒定流动等导致水文过程存在非线性、时变、分布式和不确定等特性（夏军，2002）。此外，强烈的人类活动干扰，尤其是闸坝的修筑与调控切断了河流的连续性，显著地改变了自然流域水循环，加剧了流域水文过程及污染物运移过程的非线性特质，流域环境水文过程越加复杂。

修建水利工程对水文循环及污染物运移规律的影响研究一直是流域水系研究中的难点问题之一。汪恕诚（2004）指出修建大坝可能导致的八大生态问题，其中包括导致河道流态变化、改变河流水文特征、水库等水温升高、容易发生水华等水污染事件。祁继英等（2005）分析了大坝对河流生态系统非生态变量和生态变量的影响，指出筑坝会导致水库水温分层、水体盐度增高、藻类繁殖加剧等，并提出要通过建模分析建坝前后环境因素的变化，制定有利于生态环境保护的洪水调度方案，加强上游水污染治理等对策，促进人与自然和谐相处。张永勇等（2011）分析了闸坝对河流流量、洪峰、蒸发和下渗等水文要素的影响，以及对泥沙运移、水质过程、水温等的影响。

　　过去的闸坝调控主要以防洪、发电、供水、灌溉、航运等社会经济综合效益最大为目标。作为暴雨产污及点源排放污染物的天然汇区，如今闸坝对河流生态环境的影响越来越大，闸坝调度逐渐转变为以生态-水环境和社会经济协调发展为最优目标，逐渐涌现出"水量水质联合调度""生态调度""水沙联合调度"等，但只进行了初步探索，其理论基础相对较为薄弱，而且主要以流域重要干流及其支流进行水质调控，以全流域防污为目标的闸坝群联合调度研究较少（张永勇 等，2011）。日本早在 1964 年便开始了引清调度。我国上海于 20 世纪 80 年代中期开展了闸坝引清调度，随后在多个城市和流域开展实践研究。2001 年水利部提出要在保证防汛抗旱和供水安全的同时，发挥水利工程在环境用水和防污调度中的作用。2005 年 7 月淮河流域普降暴雨，淮河水利委员会采用水闸防污调度预案延长污染水体下泄时间，削弱了沙颍河颍上闸和涡河蒙城闸蓄积的污染水体对淮河干流水质污染的影响，避免了突发性水污染事故的发生。张永勇等（2011）通过室内试验及数学建模识别了多闸坝河流入河污染负荷排放、闸坝调控、河流水质浓度变化之间的非线性关系，并基于 SWAT 模型评价了淮河流域 29 座重点闸坝对河流水文情势的影响，尤其是潢川站由稳定的高流量径流变为低流量变化的径流，并分离了闸坝过程和点源排污对河流水环境的影响，其中不同地区水库、闸坝对水体水质的改善作用不一，但进行全流域闸坝水量水质联合调度可缓解突发性水污染事件的危害。

　　对于修筑闸坝的河流水系，频繁的闸坝调控严重干扰着流域的水文环境过程，也存在复杂的非线性影响机制，显著地削弱了流域数值模型的模拟效果，从而无法准确地模拟水流的非恒定流动过程及污染物的迁移转化。已有研究表明，流域污染物排放、闸坝调度及河道内水质过程间存在复杂的非线性关系。Lopes 等（2004）采用 ISIS FLOW 和 QUALITY 耦合模型评估了 Touvedo 闸不同调控措施下闸下水动力、水质和水生生物的效应。Cheng 等（2006）耦合了生态模型、MIKE11 模型和基于水位-流量关系曲线的结构模型，评估了美国 Sandusky 河去除闸坝所带来的潜在效益。Kim 等（2006）采用二维水动力模型评价了韩国 Keum 河流闸坝和平行导流堤所引起的河流水动力和泥沙变化，其中，闸坝设置为无流量边界。因此，流域水质水量模型进一步耦合具体的闸坝调度规则，可为调控下河流水量和水质过程模拟提供一个准确的量化工具，而且可进一步识别导致水质恶化的重要污染源，为流域水利工程的科学调控和水质水量综合管理提供信息支持。

1.2.3.2　人类活动影响诊断

　　受工业市政废水排放、城镇生活污水、营养物流失、土地利用变化、闸坝修筑及调控等多重因子影响，流域环境水文要素分布呈现显著的时空异质性。

目前，常用机理实验、统计检测分析等方法分析关键环境水文要素对人类活动的响应。机理实验一般周期长、耗资高，实施过程较为烦琐；统计检测分析是一种简便直接的数据挖掘方法，依靠大量的监测站实测历史数据，挖掘潜在的水情变化趋势及水污染问题。趋势检测技术（如 Mann - Kandell test，Sen's T test，Seasonal Kendall test，Spearman's Rho test 等）是较为常用的统计检测分析方法，已被广泛用于水情变化和水污染等问题。尤其是非参数检验方法，因其对于数据结构的要求较少，具有更好的适用性。Antonopoulos 等（2001）采用非参数 Spearman 标准分析希腊斯特李蒙河 1980—1997 年 15 个要素的时间变化趋势。Libiseller 等（2002）采用 partial Mann - Kendall 法分析了瑞士 Dalälven 河 1970—1995 年流量和高锰酸盐的变化趋势，并指出该方法可检测流量和水质间的复杂关系。但已有研究多未考虑关键环境水文要素的空间相关性，而是去除空间临近、可能存在自相关性的站点，人为减少了流域的样本数量，影响了流域尺度关键环境水文要素时空分布特征分析的准确性。

将空间自相关性识别技术引入流域环境水文要素空间分布的诊断分析，可预测水环境变量的空间分布和结构。Brody 等（2005）发现 Salado 河和 Leon 河的水质要素间存在空间相关性，该信息可用于流域规划和管理。罗文等（2011）采用全部和局部 Moran's I 方法发现 2000 年 3 月太湖水质状况整体存在显著的空间自相关性和聚集模式。聚类分析方法可将大量断面/站点尺度多个水质指标的变化识别为具有相似特征的典型水质类型，从流域尺度综合刻画水污染状况，已逐渐用于辨识水污染关键要素及其主要影响因子。任婷玉等（2019）采用自组织映射神经网络将 63 个湖泊 11 年的 9 种水质指标分为 3 类，分别有 6 个、27 个和 30 个湖泊污染程度较严重、中等和较轻。Cao 等（2020）结合欧式距离和动态时间规整距离，通过动态 k 均值聚类将养殖水塘中溶解氧序列分为两类，溶解氧预测的均方根误差相比于未聚类序列减小了 7.6%。对于人类活动影响较大的流域，需要分离不同人类活动因子以及自然因子的影响。影响流域水污染的人类活动因子纷繁复杂，包括工业市政废水排放、营养物质流失、过度的闸坝建设和调控、土地利用/植被覆盖变化等。多元统计分析被视为是一种简单有效的确定水情、水质等因子与流域属性、人类干扰等因子间潜在联系的统计技术，比如多元回归分析多用于阐明土地利用/植被覆盖类型与地表水污染要素间的定量关系。

1.2.3.3 气候变化影响分析

20 世纪 80 年代以来，国内外学者广泛开展了气候变化的水文响应研究，世界气象组织（World Meteorological Organization，WMO）、国际科学理事会（International Council for Science Unions，ICSU）、联合国环境规划署（United

Nations Environment Programme，UNEP）、国际水文科学协会（International Association of Hydrological Sciences，IAHS）等开展了世界气候研究计划（World Climate Research Programme，WCRP）、全球能量与水分循环计划（Global Energy and Water Cycle Experiment，GEWEX）、全球水系统计划（Global Water System Programme，GWSP）等国际计划，组建了政府间气候变化专门委员会（Intergovernmental Panel on Climate Change，IPCC），多次评估和研讨了气候变化的水文水资源影响，主要体现在对流域产汇流机制、水资源变化趋势、水资源脆弱性评价与适应性管理、气候变化情景预估、定量评估等方面的研究。气温、降水、风速、湿度等气候因子作用于蒸发、土壤水、径流等水循环要素，水循环的关键因子亦将影响气候系统（如蒸腾作用、降水等）。全球气候变化检测结果显示，全球陆面平均温度在 1901—2012 年呈线性增加趋势，升高了 0.89℃，海面温度在 1951—2012 年间平均线性增加了 0.72℃，而且 20 世纪增温最为明显；极端降水的量与其平均强度均呈增加趋势。具有物理基础的大气环流模式（General Circulation Model，GCM）是目前获取全球气候变化情景的最基本的工具之一。评估气候变化对流域水文水资源的影响，多采用全球气候模式通过简单降尺度、统计降尺度、动力降尺度、统计动力降尺度等输出气候情景数据，驱动、验证水文模型，并分析气候变化的影响和水资源适应性管理对策。其中，气候变化情景的设置和水文模型的选择至关重要。中国科学院大气物理研究所、国家海洋局、国家气候中心等机构均开展了全球气候模式研究。模型的精度、结构、灵活性、兼容性等是评价水文模型的重要因素，以往的研究中多采用 SWAT、SIMHYD、VIC、DTVGM、新安江模型等模型。

气温和降水等要素除了直接影响水循环过程外，也将作用于水环境和水生态系统，水文、水环境与气候系统间存在着复杂的反馈机制。气候变暖背景下，英国夏季极端天气事件更加频繁，汛期水域外来物种入侵将越发严峻，非汛期有毒藻华爆发、溶解氧含量将降低。Park 等（2010）评述了气候变化对东亚地区水源区生物化学过程和地表水质的潜在影响，指出冬季降雪和积雪对日本北部山区生态环境有重要的影响，韩国越发频繁的极端降水事件将增加农林地区泥沙和营养物质的入河量，我国华南地区降水减少将阻碍土壤与地表水的酸沉降。采用具有物理机制的水量水质模型耦合气候变化情景，是量化气候变化对流域水量水质过程影响程度的有效手段。Tu（2009）基于 AVGWLF 模型，评估了气候和土地利用变化对 eastern Massachusetts 流域月径流和总氮负荷的影响。Lee 等（2010）采用 Long Ashton Research Station - Weather Generator（LARS - WG）模型生成 HadCM3 气候模式下未来日降雨、最高和最低气温、太阳辐射数据，驱动验证好的神经网络模型，预报韩国 Baran 流域的径流过程，并耦合负荷-流量关系曲线，模拟了气候变化对流域非点源污染负荷的影响。Wu 等（2012）基于区域气候、基于土地利用的径流过程半分布式水文模型、改进的输出系数法，提出污染负荷耦合模型，并评估了气候和土地利用变化对嘉陵江流域非点源污染负荷的影响。Rajith 等（2013）采用 SWAT - Water Balance 模型评估了美国 Cannonsville 流域 2001—2100 年 9 个全球气候模式下悬移质泥沙的源区变化情况。

1.3 研究思路

流域水量水质综合管理是应对水污染危机的重要手段之一，采用流域数值模型详细刻画流域环境水文过程对流域水质水量综合管理、水环境改善等具有重要意义，也是水文学、水环境学和灾害学研究长期关注的热点问题。本书以分析流域环境水文过程内在机理及环境变化的影响机制为基础，通过多元统计分析和流域数值模拟等技术手段，检测了调控流域环境水文要素时空特征及其影响因子，构建了调控流域环境水文过程数值模型，提出了环境变化对流域环境水文过程的影响评估方法，量化了点源污染排放、非点源污染流失、闸坝调控等多种人类活动和气候变化对径流和污染物运移的影响。研究框架如图 1-1 所示。

淮河流域是我国水污染最严重、闸坝最密集和人口密度最大的地区之一，对研究调控流域环境水文要素时空异质性和人类活动影响具有较好的代表性。新安江流域位于钱塘江上游，是千岛湖的源头和杭州市的主要供水水源，也是我国实施生态补偿机制的首批试点流域，流域水生态环境保护至关重要。本书以淮河流域和新安江流域为主要研究对象，主要研究工作如下：

第 1 章：概述。简要论述了气候变化和人类活动对流域环境水文过程影响研究的意义、国内外研究进展和研究思路。

第 2 章：流域环境水文研究的理论基础与方法。阐述了流域环境水文过程的内在机理及环境变化的作用机制，提出了调控流域环境水文过程数值模拟的研究框架，包括环境水文要素变化特征检测与归因方法、流域水文-水动力-水质耦合模型、流域非点源污染模型、环境变化对流域环境水文过程的影响评估方法等。

第 3 章：调控河流水质变化的多元统计分析。通过分析高度调控和污染的淮河流域历史水质监测资料，基于 Seasonal Mann - Kendall、Moran's I 等方法分析了水质序列的时空变化趋势及其间存在的空间自相关性，并基于聚类分析和回归分析等方法识别了流域点源排污、土地利用变化等人类活动对流域水质时空变化的影响。

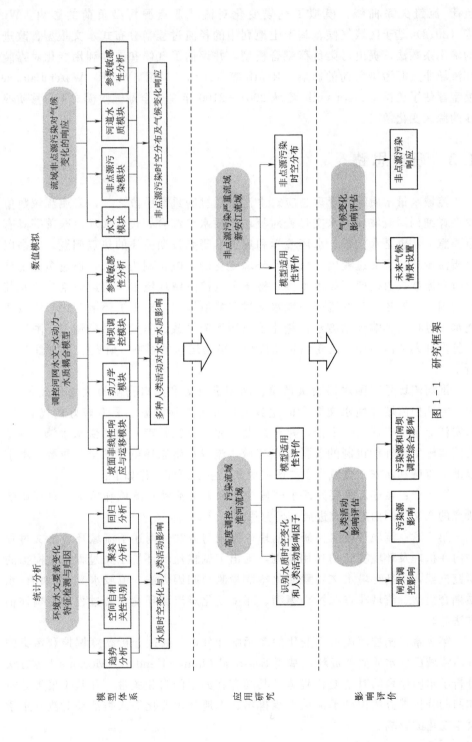

图 1-1　研究框架

第 4 章：调控河网水文-水动力-水质耦合模拟。以淮河中上游流域为研究区，构建了淮河水文-水动力-水质耦合模型，识别了耦合模型水量水质模拟的敏感性参数，模拟了调控河流丰、平、枯水年的水量水质过程，量化了污染源和闸坝调控等人类活动的水文环境效应。

第 5 章：坡面非线性降水-径流-污染负荷量化分析。基于非线性降水-径流-污染物响应方程，分析了降水总量、前期影响雨量、下垫面特性以及土壤表层污染源强等因素对坡面水及污染物运移规律的影响，量化了坡面污染源对淮河调控河网水质的影响。

第 6 章：流域非点源污染对气候变化的响应研究。构建了新安江流域非点源污染模型，辨识了非点源污染模拟的敏感性参数，从流域和行政区县尺度分析了非点源污染的时空变化规律，识别了污染物流失的关键区域和主要土地利用类型，从站点和子流域尺度量化了气候变化对流域非点源污染流失的影响。

第 7 章：结论与展望。总结了主要研究成果，展望了需进一步深入研究的关键问题。

第 2 章
流域环境水文研究的理论基础与方法

如何综合考虑流域水文过程及其所伴随的污染物运移规律，并量化人类活动扰动与气候变化等对流域水文、水环境的影响，是目前变化环境下进行流域水量水质综合管理应对水污染危机所亟待解决的关键问题之一，其中，尤为重要的是构建适宜的流域环境水文过程数值模型。本章介绍了所采用的理论基础，提出了流域环境水文要素变化特征检测与归因、调控河网水文-水动力-水质耦合模型、流域非点源污染模型、环境变化影响评估等多种量化手段，为调控流域环境水文过程时空变化及人类活动和气候变化的影响提供了理论基础和技术支撑。

2.1　理论基础

针对全球日益严峻的水污染情势，跨越环境学与水文学科的环境水文学应运而生，其注重水体量与质两大属性的变化规律及其预测、预报方法的研究，涉及环境对水循环过程的影响，以及水文情势改变对其所处自然和社会环境的影响。水循环过程中水体污染及其变化规律，降雨径流非点源污染、水体中污染物的迁移转化等的预测和预报等，以及人类活动和气候变化等的水文水环境效应，均属于环境水文学的研究范畴。

2.1.1　流域环境水文过程

流域水循环是水资源演变的基础，也是环境水文过程所依赖的介质和驱动力。物质随不同形态的水周而复始地发生迁移转化（图 2-1），主要涉及降水径流污染，河流、湖泊、水库等不同水体的地表水污染以及地下水污染等。

降水是水循环最重要的环节之一，是流域水资源的重要补给来源。水滴凝结大气中的海水飞沫、粉尘、灰尘、细菌以及含氮化合物、含硫化合物等，降落至透水或不透水地表，通过汇流至水域，或直接降落至水域表面污染水体。降水水质具有明显的区域性，海洋、城市、工业区、农村等不同区域降水的理化性质截然不同。近年来，降水污染已逐渐成为流域水污染的重要污染源之一。

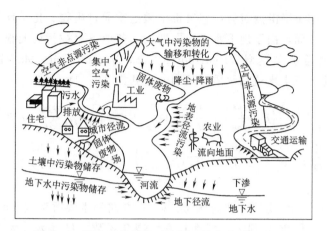

图 2-1 降水径流污染示意图（雒文生 等，2000）

降水冲刷土壤，剥离土壤颗粒及吸附的非溶解态污染物质，引起表土流失，发生不同形态的水力侵蚀。土壤系统可持有、改变、分解和吸收有机污染物、大气沉降物以及人类的固、液废弃物等。土壤-营养物间的交互作用可促进作物生长，但过量的营养物会破坏土壤中微生物的平衡系统。一般土壤体系可划分为四层，各土壤层中影响污染物迁移转化功能的因子各异。如 SWAT 模型中一般将土壤划分 10 层以描述土壤中不同形态的氮、磷等的物质循环。

污染物进入水体后，同时产生水体污染和水体自净作用，水体内污染物的运动规律可根据水量平衡、能量守恒以及物质平衡原理描述，一般采用三维水质迁移转化方程描述水质点运动所引起污染物浓度的变化过程，并根据实际需求简化为零维、一维和二维空间运动。湖泊、水库等水体具有较大的蓄水量，水体流动性差，自净能力减弱，微生物富集有利于污染物的降解、沉淀和转化，而且有明显的水温分层现象，导致溶解氧和污染物浓度也出现不同的分层现象。EFDC 模型中三维水体污染物的运移规律可用式（2-1）描述：

$$\frac{\partial(m_x m_y HC)}{\partial t} + \frac{\partial(m_y HuC)}{\partial x} + \frac{\partial(m_x HvC)}{\partial y} + \frac{\partial(m_x m_y wC)}{\partial z}$$

$$= \frac{\partial}{\partial x}\left[\frac{m_y A_x H}{m_x}\frac{\partial C}{\partial x}\right] + \frac{\partial C}{\partial y}\left[\frac{m_x A_y H}{m_y}\frac{\partial C}{\partial y}\right] + \frac{\partial C}{\partial z}\left[\frac{m_x m_y A_z}{H}\frac{\partial C}{\partial z}\right] + m_x m_y HS_c$$

$$(2-1)$$

式中：C 为水体中污染物的浓度，mg/L；H 为水深，m；u、v 和 w 分别为 x、y 和 z 方向的流速，m/s；A_x、A_y 和 A_z 分别为 x、y、z 方向的紊动扩散系数，m^2/s；m_x、m_y 分别为 x 和 y 方向曲线坐标的比例因子；S_c 为源汇项。

降水是地下水资源的主要补给来源，并通过下渗过程和地下径流形式补给地下水体。地表污染物通过雨水渗透、人工回灌以及过度开采地下水等形式污染地下水。伴随土壤淋滤过程，包气带中微生物通过生物、化学作用不断分解、截留污染物，然而，由于地下水换水周期长，若地下水被污染便很难恢复水质。分布式时变增益水文模型（Distributed Time Variant Gain Model，DTVGM）中采用的描述地下水水流和水质运动的方程见式（2-2）：

$$\begin{cases} \dfrac{\partial}{\partial t}\left(k_{xx}\dfrac{\partial H}{\partial x}\right) + \dfrac{\partial}{\partial t}\left(k_{yy}\dfrac{\partial H}{\partial y}\right) + \dfrac{\partial}{\partial t}\left[k_{zz}\left(\dfrac{\partial H}{\partial z}+\varPsi C\right)\right] = \mu_s\dfrac{\partial H}{\partial t} + \varphi\varPsi\dfrac{\partial C}{\partial t} - \dfrac{\rho}{\rho_0}q \\[3mm] \dfrac{\partial}{\partial x}\left(D_{xx}\dfrac{\partial C}{\partial x}\right) + \dfrac{\partial}{\partial y}\left(D_{yy}\dfrac{\partial C}{\partial y}\right) + \dfrac{\partial}{\partial z}\left(D_{zz}\dfrac{\partial C}{\partial z}\right) = U_x\dfrac{\partial C}{\partial x} + U_y\dfrac{\partial C}{\partial y} + U_z\dfrac{\partial C}{\partial z} + \dfrac{\partial C}{\partial t} \end{cases}$$

$$(2-2)$$

式中：k_{xx}、k_{yy} 和 k_{zz} 分别为坐标轴 x、y、z 方向的主渗透系数，m/d；μ_s 为单位储水系数；φ 和 $\varPsi$ 分别为孔隙率和密度耦合系数；H 为淡水水头，m；q 为单位体积井流量，s^{-1}；D_{xx}、D_{yy} 和 D_{zz} 为弥散系数张量分量，m；U_x、U_y、U_z 为溶液孔隙平均流速，m/s；ρ 为水体密度，kg/m³；ρ_0 为淡水密度，kg/m³；C 为水质浓度，mg/L；x、y 和 z 为笛卡尔坐标轴；t 为时间，s。

2.1.2　环境变化的影响机制

气候变化和人类活动等影响着流域环境水文过程的多个环节（图 2-2）。目前，变化环境对流域环境水文过程的作用机制仍处于不断的探索中，所需要解决的关键科学问题如下：

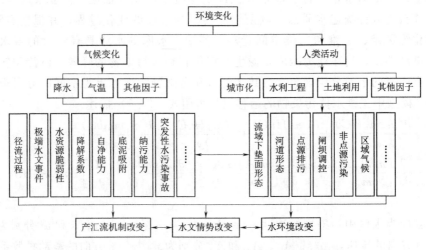

图 2-2　环境变化对流域环境水文过程的作用机制

（1）诊断流域环境水文要素的变化特征以及关键的影响因子。

（2）构建流域环境水文过程数值模型，模拟流域环境水文要素的时空分布规律，并为量化和评价人类活动和气候变化对流域环境水文过程的影响提供科学依据。

（3）评估人类活动和气候变化对流域环境水文过程的影响，为科学制定流域水资源管理措施提供一定的参考依据。

1. 人类活动影响

人类活动对流域环境水文过程的影响，主要包括水利工程的修筑及调控、城市化以及土地利用变化等方面。随着城市化进程的加快，城市区域气温升高，形成城市"热岛效应"，同时城市空气质量下降，酸性气体和粉尘等随着降水过程降至水面或汇入水体，污染地表水资源，减少可以利用的水资源量。此外，流域内不透水面积增多，洪水过程暴涨暴落，峰现时间提前，峰值增加，加之排水系统不畅，城市内涝问题越来越严重。SWMM 模型中城市地表径流及污染物的冲刷过程用式（2-3）和式（2-4）描述，随降水冲刷进入受纳水体的污染物浓度将随着地表径流量的增加呈指数倍增加。此外，城市化进程也是影响流域水质变化的一个潜在的因子。

$$Q = 1.49 \frac{W}{n} (d - d_P)^{5/3} S^{0.5} \qquad (2-3)$$

$$W = C_1 Q^{C_2} B \qquad (2-4)$$

式中：Q 为地表径流量，m^3/s；d 为水深，m；d_P 为滞蓄深度，m；W 为排水小区宽度，m；S 为排水区坡度，mm/m；W 为冲刷负荷，kg/hm^2；C_1 和 C_2 分别为冲刷系数和指数；Q 为径流速率，mm/h；B 为污染物累积量，kg。

修筑水利工程设施，河道的地貌形态将发生显著的改变，连续的水流被分割为大量静止的水体，不利于河道泄洪，完全依赖于人为调控，改变了河流水文情势的时空分布，水情的不均质性有所减弱（张永勇 等，2011）。此外，河道过于规整，自然河道对水及污染物的调蓄功能被减弱，水流速度减慢，河道泥沙淤积，抬高河床，容易形成地上悬河，破坏其与地下水系统、坡面水文过程的水力联系。闸坝、水库蓄水，形成大面积的水面，增强了区域水面的蒸发过程，空气湿度增大，改善了区域气候条件。张永勇等（2011）通过室内试验构建了闸坝调控下河流下泄流量及污染物浓度的计算方法，闸坝下泄流量取决于闸坝的属性、调度规则以及闸坝上下游的水头，过闸水流的水质浓度与上游入流、污染负荷排放以及闸坝调控间存在复杂的非线性关系。

不同的下垫面特征对流域的产汇流机制影响显著不同。大多数水文模型中的产汇流参数均与下垫面特征存在一定的相关性。SWAT 模型中采用 SCS 曲线法计算产流量，其中，最重要的产流参数曲线数 CN 与流域土壤的理化性质以及土地利用情况有关，不同的植被覆盖和土壤水文分组对应的 CN 值各异。TVGM 模型中建立了产流参数与流域下垫面土壤、土地利用属性间的相关关系，用于无资料地区的洪水预报。流域汇流过程也受到流域地形地貌参数的影响，已有研究建立了大量的单位线特征参数与流域地形地貌特征的经验关系。当下垫面属性发生变化时，流域的产汇流机制亦随之变化，流域中污染物的迁移转化过程亦随水文情势的改变而改变。Zhai 等（2014）通过回归分析检测得出淮河流域水质变化与流域内土地利用变化具有显著的相关关系，城镇、农田等面积变化与水质恶化呈正相关关系，而森林和水域面积则与之呈负相关关系。因此，依据变化前的土地利用和土壤属性构建的水文模型或产汇流经验公式等，已不再适于下垫面变化后的流域水文和水环境模拟。

2. 气候变化影响

降水、气温、太阳辐射、风速等气候因子变化均会对流域水循环及所伴随的污染物迁移转化机制有较大的影响。本节主要分析降水和气温变化所导致的水文、水环境效应。降水、气温等变化会直接作用于流域水循环过程，改变流域水文的情势，甚至流域的地形地貌，继而影响污染物的迁移转化机制，尤其是极端水文事件的加剧，对流域环境水文过程影响极大。

（1）水循环。气候变化会显著地影响河流、湖泊、水库等的流量和水位的频率、幅度、季节性等，以及流速、水力特性和水力停留时间等。降水的空间分布、量值及其强度都与水循环的各个环节显著相关。降水是流域水资源量的重要补给来源，降水增多有利于全球水资源量的增加。在大多数的流域汇流单位线中，均考虑了降雨量、雨强、暴雨中心的位置等因素对流域汇流的影响。雨强增加会导致洪峰流量增加，峰现时间提前，汇流速度增加，而汇流时间缩短。如 SWAT 模型中的洪峰流量计算、流域汇流速度计算［式（2-5）和式（2-6）］，以及地貌气候单位线［式（2-7）］等均反映了上述影响。

$$q_{\text{peak}} = \frac{CiA}{3.6} \qquad (2-5)$$

$$v = cS^{\alpha}h^{\beta} \qquad (2-6)$$

$$t_p = 0.585\left(\frac{L_i^{2.5}}{iA_K R_L T_K^{1.5}}\right)^{0.4} \qquad (2-7)$$

式中：q_{peak} 为峰值流量，m^3/s；C 为径流系数；i 为雨强，mm/h；A 为流域面积，km^2；v 为汇流速度，m/s；c 为汇流系数；S 为坡度；α 和 β 分别为与地形和净雨有关的系数；h 为净雨量，mm；t_p 为峰现时间，h；L_i 为汇流路径长度，km；A_K、R_L 和 T_K 为地貌参数。

对于湖泊、水库等水体而言，流量增加时，其换水速度加快，水体的水力停留时间缩短，增强了水体的自净能力，有利于改善水环境状况。

蒸散发是水文循环过程中的重要环节，关系着地球上植物、作物的生长，也是海洋补充大陆水汽的重要过程。气温与蒸散发过程存在密不可分的关系。

目前，潜在蒸散发一般通过经验公式计算，联合国粮食及农业组织（Food and Agriculture Organization of the united National，FAO）推荐的 Penman - Montieth 公式如下：

$$ET = \frac{0.408\Delta(R_n - G) + \gamma \dfrac{900}{(T_a + 273)} U_2 (e_s - e_a)}{\Delta + \gamma(1 + 0.34U_2)} \qquad (2-8)$$

式中：ET 为参考作物的潜在蒸散发，mm/d；Δ 为饱和水汽压曲率；γ 为干湿表常数，$kPa/℃$；T_a 为日均气温，℃；R_n 为地表净辐射，$MJ/(m^2 \cdot d)$；G 为土壤热通量，$MJ/(m^2 \cdot d)$；U_2 为 2m 处日均风速，m/s；e_s 为日均饱和水汽压，kPa；e_a 为日均实际水汽压，kPa。其中，Δ、e_s 均为气温的函数，随气温的升高而分别降低和增加。

张永勇等（2013）分析得出，潜在蒸散发与气温呈正相关关系。随着气温升高，潜在蒸散发作用增强，促进水循环速率加快。

气候变化对流域水资源所造成的不利影响也会随之发生变化。水资源脆弱性 V 度量公式如下，与气温和降水变化密切相关：

$$V = \alpha \prod_{i=1}^{n} \left(\frac{S_i}{C_i}\right)^{\beta_i} \qquad (2-9)$$

式中：i 为第 i 个影响因素；β_i 为第 i 个影响因素的尺度因子；S_i 与 C_i 分别为第 i 个影响因素的敏感性和抗压力函数，抗压力函数采用指标体系法，敏感性函数为降水和气温的函数，计算如下：

$$S(P,\delta T) = \frac{Q_{P,\delta T} - \overline{Q}}{P_{P,\delta T} - \overline{P}} \frac{\overline{P}}{\overline{Q}} \qquad (2-10)$$

式中：P 为降水量，mm；δT 为气温，℃；Q 为水资源量，m^3。

海河流域未来降水增加 20%，气温升高 1.5~2.2℃ 的情景下，2050 年水资源量增加 10%，用水量及结构不变时，水资源的脆弱性将降低 22.5%。在气候变化 RCP2.6、RCP4.5 和 RCP8.5 情景下，我国东部季风区水资源脆弱区域将显著增加（夏军 等，2015）。

（2）水环境。降水和气温变化将显著地影响流域水质参数的变化，以及污染物质在土壤和水体中的迁移转化过程。温度是影响水体污染物发生物理、化学和生物反应的最主要的因子。监测数据表明，流域内气温与水温存在显著的正相关性（图 2-3）。

已有大量研究提出了水体中污染物降解系数、河流纵向扩散系数等的经验估算公式，其中的系数项均与温度紧密有关。如由 Arrhenius 公式推导得到的污染物降解系数 [式（2-11）]，温度上升将呈指数倍地增强污染物的化学反应速率，由此，流域内污染物的浓度会随着降解作用的增强而显著降低。但对于溶

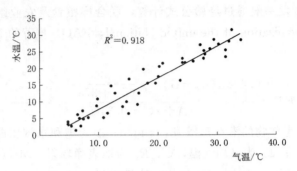

图 2-3　淮河流域气温与水温相关图

解态污染物而言，其由坡面溶解进入水体的速率增强，将导致污染物浓度升高。此外，水温升高，水面的蒸发作用增强，水体中污染物的浓度也会有所增加。

$$K_{T_2} = K_{T_1} \theta^{T_2 - T_1} \tag{2-11}$$

式中：K 为不同温度 T_1 和 T_2 下的污染物化学反应速率，d^{-1}；θ 为与温度有关的系数。

　　水温升高，亦将作用于水体中溶解氧的动态平衡过程。水温升高，饱和溶解氧和溶解氧含量均将降低 [式（2-12）和式（2-13）]，会抑制河道内营养物质的反应效率。另外，水温升高会促进水体中藻类等植物的大量繁殖，消耗溶解氧，导致水体中溶解氧含量降低，水质恶化，甚至出现富营养化等问题。因此，气温或水温变化会对流域内污染物质的迁移转化过程产生不同的作用机制。

$$O_s = \frac{468}{31.6 + T} \tag{2-12}$$

$$O_t = O_s - 0.811(O_s - O_0)\left(e^{-kt} + \frac{e^{-9kt}}{9} + \frac{e^{-25kt}}{25} + \cdots\right) \tag{2-13}$$

式中：O_s 为饱和溶解氧浓度，mg/L；T 为水温，℃；O_t 和 O_0 分别为 t 时刻和初始时刻的水体溶解氧浓度，mg/L；k 为系数，h^{-1}，与紊动扩散系数和水深有关。

　　气候变化影响下，流域降水和气温变化亦将显著地影响水域的纳污能力。降水增多会增强水体的稀释作用；气温升高，污染物的生化作用增强，因此，水体所能接纳的污染物的总量将增多，有利于流域水环境保护。淮河流域典型河段的研究结果显示（图 2-4），气温升高和降水增加，将显著促进河道污染物纳污能力的增加。

　　土壤温度升高促进土壤中氮素的矿化作用。土壤温度适度升高会增加土壤中酶的活性，并会增强土壤中微生物的生物活性，促进土壤中氮、磷、有机碳等的流失。研究显示（孙大志 等，2007），当土壤处于放热阶段，范德华力是制约土壤吸附氨氮能力的主要因子，土温升高不利于氨氮吸附。久旱之后的强降

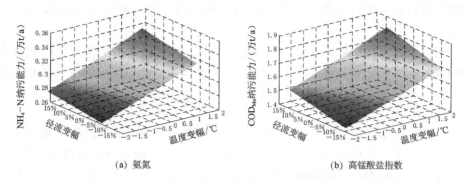

(a) 氨氮　　　　　　　　　　　　　(b) 高锰酸盐指数

图 2-4　不同径流和温度下河道氨氮和高锰酸盐的纳污能力

水将冲刷土壤中的营养物质进入河道，引起河道中污染物浓度急剧增加。

降水变化一般是作用于水循环过程，通过水循环因子、水力学参数等影响水环境过程。流速减缓时，水流的自净作用将减弱，但同时污染物的沉积作用会加强。此外，降水增多，水体流量幅度增加，水体的稀释作用将增强，然而，坡面降水径流将冲刷更多的污染物进入河道、湖泊、水库中。因此，水体中污染物的浓度会发生不同的变化。降水减少，气温升高，导致地表水资源量减少，为满足工农业生产、生活用水的需求，会间接增大地下水资源的抽取量，导致地下水位下降，海滨地区可能会诱发海水入侵等问题。

（3）极端水文事件。极端水文事件也是影响流域水质变化的一个重要因子。气候变化背景下，洪涝、干旱灾害等事件的发生频次和强度均有所增强。雨强、降雨量等是流域土壤水力侵蚀的主要驱动因子，极端强降水很有可能会引起极端洪水事件，导致土壤水力侵蚀作用增强。此外，降水侵蚀剥离土壤颗粒的同时，会携带大量的营养物质流失。因此，极端降水事件会导致入河泥沙及营养物质浓度急剧升高，流域非点源污染恶化情势加剧，尤其是在旱涝急转时期。

近年来，流域突发性水污染事故的发生，与流域内降水的时空分布特征以及强降雨等有极大的关系。汛前大面积强降水是引发淮河流域突发性水污染事故的触发因子（张永勇 等，2011）。大面积强降水导致流域水闸内蓄积的水量迅速增多，为保证防洪安全，不得已需开闸泄洪，累积的高度污染的污染团一泻千里，造成下游鱼虾死亡、水质急剧恶化，威胁居民的饮用水安全。此外，极端干旱下流域水资源量减少，河道流量减少，甚至断流，水温因子将成为影响河流水质的主要气象因子。水温升高，水体中溶解氧含量减少，水体自净能力降低，污染物浓度将显著升高，甚至形成臭水沟。

为客观评价气候变化和人类活动对流域环境水文过程的影响，需采用定性和定量相结合的方法综合描述环境水文因素随时空的变化及分布规律。目前，常采用统计检测分析、机理实验和数值模型等方法。在实际应用中，可根据流域的实际情况，综合运用上述方法，以准确地描述流域环境水文过程的内在机制。

统计检测分析是基于大量的实测历史数据，挖掘潜在的水情变化趋势及水质问题，探测环境水文要素变化与气候因子或人类活动因子间的潜在联系。该方法是一种简便直接的数据挖掘方法，无法定量描述环境水文过程的机理及变化过程。

机理实验是通过室内或野外实验系统地观测污染物在不同的降水和下垫面条件下随地表、壤中流和地下径流迁移的变化规律，验证所构建的机理模型。野外实验一般周期长、耗资高，但能反映研究区的自然属性；室内实验可根据研究需求灵活地制定实验方案，但所采取的土样、植被覆盖等已脱离了原有的自然环境，研究结果可能与实际情况不符。

针对流域环境水文过程的内在机理构建的数值模型，旨在准确地描述流域内水流及污染物质的迁移转化过程，并充分考虑气候条件以及下垫面因子的空间变异性。近年来，"3S"技术的发展极大地促进了数值模型方法的推广应用，已逐渐成为描述流域环境水文过程的主要方法，并能与气候变化情景、人类活动干扰建立联系，以定量地研究流域环境水文对环境变化的响应机制。但该方法一般需要详尽的流域观测资料验证模型的合理性和适用性，大量的模型参数和复杂的模型结构限制了模拟的精度和效率，常辅助以参数敏感性分析和不确定分析。

变化环境下流域环境水文机理复杂，涉及水文、水资源、环境、水利工程、社会经济等多个过程。准确地刻画流域水文水环境过程对流域水质水量综合管理、水环境改善等具有重要意义。然而，由于气候变化胁迫和强烈的人类活动干扰，若仅采用单一的方法无法准确刻画环境因子和水文因子的时空变化和分布规律。因此，本研究综合采用统计分析检测、数值模型等方法，挖掘历史水文水质序列中潜在的水情变化机制和水质问题，识别外界因子的干扰作用；并构建流域环境水文过程数值模型，综合模拟环境变化下的流域环境水文过程；量化人类活动和气候变化的影响，以期为人类干扰与全球气候变暖背景下我国流域水资源管理与水污染防治提供一定的技术支撑。

2.2　环境水文要素变化特征检测与归因

基于实测的历史水文水质序列，采用统计分析的方法检测环境水文要素的时空变化情况及其影响因子，对流域水环境保护具有重要的意义。其中，趋势检测技术已被广泛用于水情、水质问题，尤其是非参数检验方法因其对于数据结构的要求较少，具有较好的适用性；空间自相关性识别已被广泛用于预测水生态及水环境变量的空间分布和结构。回归分析被视为是一种简单有效的确定水情、水质因子与流域属性、人类干扰之间潜在联系的统计技术。

2.2.1 趋势分析

由于水情、水质时间序列中常存在季节性、系列相关性及缺失值等情况，本研究选取 Seasonal Mann-Kendall（SMK）检验来检测指定季节（或月份）要素的趋势。SMK 是传统 Mann-Kendall 检验的一种扩展形式，具有强健性和准确性，已被广泛应用于水情、水质序列的趋势检测。现将方法介绍如下：

设 $X=\{X_i|i=1,2,\cdots,n\}$ 为 n 年实测序列，$X_i=\{x_{ij}|j=1,2,\cdots,m\}$ 为子样本 m 季节（月或周）实测序列数据。原假设 H_0 为：实测序列为服从相同分布的随机变量，且不随时间单调变化。若序列中存在缺失值，则 $\text{sgn}(x_{ig}-x_{ih})$ 取为 0。每个季节（月或周）的统计值为

$$S_i=\sum_{h=1}^{m-1}\sum_{g=h+1}^{m}\text{sgn}(x_{ig}-x_{ih}) \tag{2-14}$$

SMK 检验的统计值 S' 为：$S'=\sum_{i=1}^{n}S_i$。在原假设下，$E[S']=0$，$\text{Var}[S']=\sum_{g}\delta_g^2+\sum_{\substack{g,h\\g\neq h}}\delta_{gh}$。统计值的方差计算公式如下：

$$\sigma_g^2=\frac{n_g(n_g-1)(2n_g+5)}{18} \tag{2-15}$$

$$\sigma_{gh}=\frac{K_{gh}+4\sum_{i=1}^{n}R_{ig}R_{ih}-n(n_g+1)(n_h+1)}{3} \tag{2-16}$$

$$K_{gh}=\sum_{i<j}\text{sgn}[(x_{jg}-x_{ig})(x_{jh}-x_{ih})] \tag{2-17}$$

标准化后的统计值 Z 服从渐进的标准正态分布，其均值为 0，方差为 1：

$$Z=\begin{cases} \dfrac{S'-1}{\sqrt{\text{Var}(S')}} & (S'>0) \\ 0 & (S'=0) \\ \dfrac{S'+1}{\sqrt{\text{Var}(S')}} & (S'<0) \end{cases} \tag{2-18}$$

参考已往研究，检验的显著性水平 p 分别取 0.05 和 0.10，相应的 Z 值分别取 1.96 和 1.65。若 $|Z|$ 大于 1.96 或 1.65，拒绝原假设，认为在相应的显著性水平下变化趋势是显著的。此外，若监测的时间序列存在变化趋势，变化趋势的幅度可用 Seasonal Kendall 坡度估计值 B 表示。先由所有的 (x_{ig}, x_{ih}) 组对序列计算得到 $d_{ijh}=\dfrac{x_{ig}-x_{ih}}{g-h}$，$d_{ijh}$ 的中值即为 B 的估计值。与传统的线性回

归的坡度相比，B 值不受季节性影响，且不易受极值的影响。

2.2.2　空间自相关性识别

空间自相关在自然界中普遍存在，地理信息系统使得探索自然变量的空间自相关性十分便利，如可采用空间自相关指标。本研究采用全局和局部 Moran's I 两种方法来探索流域局部水情、水环境是否受周边区域水情、水环境的影响。

采用全局 Moran's I 诊断流域实测序列的总体空间分布结构。统计指标计算如下：

$$I = \frac{N}{\sum\limits_{i=1}^{N}\sum\limits_{j=1}^{N}w_{ij}} \frac{\sum\limits_{i=1}^{N}\sum\limits_{j=1}^{N}w_{ij}(x_i - \overline{x})(x_j - \overline{x})}{\sum\limits_{i=1}^{N}(x_i - \overline{x})^2} \qquad (2-19)$$

此外，采用局部 Moran's I 识别环境水文因子的空间聚集特性或异常值，并从单站角度识别其对流域环境水文因子总体空间分布的贡献值。局部指标的计算公式如下：

$$I_i = \frac{N}{\sum\limits_{j=1}^{N}w_{ij}} \frac{\sum\limits_{j=1}^{N}w_{ij}(x_i - \overline{x})(x_j - \overline{x})}{\sum\limits_{j=1}^{N}(x_j - \overline{x})^2} \qquad (2-20)$$

式中：I 和 I_i 分别为流域水情、水质全局和局部空间自相关度量指标；x_i 和 x_j 分别为 i 站和 j 站的时间序列；N 为站点数；$\overline{x}$ 为序列均值；w_{ij} 为 i 站和 j 站时间序列间的空间权重。

Moran's I 介于 -1 和 1 之间，分别代表非常好的序列负相关或正相关，说明该站点的监测序列与周围站点的情况不同或相似。零自相关（$I=0$）说明序列的空间影响不明显，流域站点的监测序列在空间上呈随机分布。此外，检测的空间自相关性需接受显著性检验，标准化的显著性统计指标计算如下：

$$Z = \frac{\text{Moran's } I - E(I)}{\sqrt{\text{Var}(I)}} \qquad (2-21)$$

式中：$E(I) = \dfrac{-1}{n-1}$，$\text{Var}(I)$ 为权重矩阵的函数。检验的显著性水平 p 取 0.05，相应的 Z 值取 1.96。

局部空间分布模式还可进一步划分为 "$H-H$" "$L-L$" "$L-H$" 和 "$H-L$" 分布模式。对于水质监测序列而言，"$H-H$" 模式是指该站点的监测序列是一个显著的高聚集中心，周围站点的水质浓度也较高；"$L-L$" 模式是指该站是一个显著的低聚集中心，周围站点的水质浓度也较低。"$H-L$" 模式是指该站是一个显著的高聚集中心，而周围站点的水质浓度却普遍较低；"$L-H$" 模式是指该站是一个显著的低聚集中心，而周围站点的水质浓度却普遍偏高。站点水质浓度极低或者极高时，即被认为是流域水质空间分布的一个异常值，与流域其他站点均不服从相同的空间分布模式。水质异常值可认为是由于局部非稳态性造成的。

2.2.3　聚类分析

采用主成分分析法和动态 k 均值聚类法辨识典型水质类型。各站点的不同水质指标间可能存在相关性，采用主成分分析法将各水质指标进行降维，转换为相互独立的综合指标，同时尽可能地保留原始水质指标信息。n 个站点的 p 个水质指标构成初始矩阵 $X_{np}=\{x_{ij}\}_{np}$，为避免不同指标量纲的影响，对水质指标进行标准化处理得到标准化矩阵 $Y_{np}=\{y_{ij}\}_{np}$ 及其相关矩阵 $R_{pp}=\{r_{jl}\}_{pp}$，计算如下：

$$\begin{cases} y_{ij}=\dfrac{x_{ij}-\overline{x_j}}{\sigma_j} \\ r_{jl}=\dfrac{\sum\limits_{i=1}^{n}y_{ij}y_{il}}{n-1} \end{cases} \tag{2-22}$$

式中：x_{ij} 和 y_{ij} 分别为标准化处理前后的第 i 个站点第 j 个水质指标，mg/L，$1\leq i\leq n$，$1\leq j\leq p$；$\overline{x_j}$ 和 σ_j 分别为第 j 个水质指标的均值和标准差，mg/L，$x_j=(x_{1j},x_{2j},\cdots,x_{nj})^{\mathrm{T}}$；$r_{jl}$ 为水质指标间的相关系数，$1\leq l\leq p$。

根据特征方程 $|R-\lambda I|=0$ 确定相关矩阵的特征值 $(\lambda_1>\lambda_2>\cdots>\lambda_p>0)$，相应特征向量为 $c_j=(c_{1j},c_{2j},\cdots,c_{pj})^{\mathrm{T}}$。按累积方差贡献率 M_m 达到 85% 以上的准则，筛选前 $m(m\leq p)$ 个主成分和样本矩阵 $Z_{nm}=\{z_{ij}\}_{nm}$。

$$\begin{cases} M_m=\dfrac{\sum\limits_{i=1}^{m}\lambda_i}{\sum\limits_{i=1}^{p}\lambda_i} \\ z_{ij}=\sum\limits_{q=1}^{p}y_{iq}c_{qj} \end{cases} \tag{2-23}$$

式中：λ 为特征值；z_{ij} 为新的指标变量，$1\leq i\leq n$，$1\leq j\leq m$，$m\leq p$；c_{qj} 为特征向量要素。

以聚类组内水质指标的离差平方和最小为目标函数，采用动态 k 均值聚类法将样本矩阵 Z_{nm} 分为 $k(k\leq n)$ 个互斥的水质类型。以欧式距离法度量各样本与 k 个聚类中心的相似性，将 n 个站点逐个归入 k 个聚类中心，通过迭代计算使得最终聚类分组不再变化，即各聚类组内的水质指标特征较为接近，聚类组间的水质指标特征差异较大。各次迭代中，新的聚类中心为聚类组内所有站点的平均值。

$$
\begin{cases}
J(P^*,c^*) = \min\{J(P,c)\} = \min\left\{\sum_{i=1}^{n}\sum_{j=1}^{k} w_{ij}(d_{ij})^2\right\} \\
d_{ij} = d(z_i - c_j) = \sqrt{\sum_{p=1}^{m}(z_{ip} - c_{jp})^2}
\end{cases}
\tag{2-24}
$$

式中：P 和 c 分别为分割矩阵和聚类中心矩阵；P^* 和 c^* 为相应矩阵的最优值；w_{ij} 为第 i 个站点是否属于第 j 个聚类中心，$w_{ij}=0$ 或 $w_{ij}=1$；d_{ij} 为第 i 个站点与第 j 个聚类中心的欧式距离；c_{jp} 为第 j 个聚类中心的第 p 个要素，$c_{jp} = \dfrac{\sum\limits_{i=1}^{n} w_{ij} z_{ip}}{\sum\limits_{i=1}^{n} w_{ij}}$。

采用轮廓系数 s 度量聚类有效性，有效聚类应具有较大的聚类组间分离度和较小的聚类组内凝聚度。s 取值范围为 $-1 \sim 1$，值越大说明聚类效果越好、聚类越合理，零值说明水质指标处于两个聚类组的分界线上。平均轮廓系数 s_a 为所有聚类组轮廓系数的平均值，其最大值对应的 k 值即为最优聚类组数。

$$
\begin{cases}
s_i = \dfrac{b_i - a_i}{\max\{a_i, b_i\}} \\
s_a = \dfrac{\sum\limits_{i=1}^{N} s_i}{N}
\end{cases}
\tag{2-25}
$$

式中：s_i 为第 i 个站点水质指标的轮廓系数；b_i 为站点 i 的水质指标与其最邻近聚类组的平均欧式距离，表征聚类组间分离度；a_i 为站点 i 的水质指标与其所在聚类组内其他站点水质指标的平均欧式距离，表征聚类组内凝聚度。

2.2.4　回归分析

本书进一步采用回归分析探讨人类活动对流域水情、水质序列变化的影响，主要考虑流域点源排污和土地利用变化等对流域水质变化的影响。

采用基于最小二乘法的多元逐步回归线性模型识别点尺度上点源排污与水质变化的相关关系，自变量为点源排污负荷量、流量和水温，因变量为水质站点浓度。此外，采用简单的线性回归模型识别水质状况与流域不同尺度土地利用在不同时段的相关性，自变量为子流域尺度主要土地利用类型的百分比，或是水质站不同半径圆形缓冲带上主要的土地利用类型所占的百分比。

为了削减序列自相关对回归分析的影响，对原水质序列 Y_t 进行如下"去噪化"处理，即 $Y'_t = Y_t - \rho c(1)Y_{t-1}$，其中，$\rho c(1)$ 为实测水质序列的 lag-1 自相关系数，并将新的时间序列 Y'_t 仍记为 Y_t。

回归模型的一般形式如下：

$$Y = X\beta + \varepsilon \qquad (2-26)$$

式中：$Y = [y_1, y_2, \cdots, y_p]^T$ 为因变量或响应变量；$X = [X_1, X_2, \cdots, X_p]^T$ 为结构矩阵，$X_i = [x_{i1}, x_{i2}, \cdots, x_{im}]$；$\beta = [\beta_0, \beta_1, \cdots, \beta_m]^T$ 为参数向量；$\varepsilon \sim N(0, \delta^2 I_p)$ 为噪声序列，其为随机分布的不相关序列。

为了保证所建立的回归模型服从回归分析的经典假设，即：回归模型的误差序列应服从相同的随机分布。本研究对所建立回归模型的误差序列采用 Durbin-Watson 检验和 Breusch-Godfrey 检验检测其是否存在自相关性。为避免自变量间存在高度相关性，还需对所建立的回归模型进行回归诊断，采用容忍度（Tol）、方差膨胀因子（VIF）和条件数（CI）等指标度量所建立的多元回归模型的多重共线性问题。其中，Tol 和 VIF 的计算公式如下：

$$Tol_i = 1 - R_i^2 \qquad (2-27)$$

$$VIF_i = (1 - R_i^2)^{-1} \qquad (2-28)$$

式中：R_i^2 为自变量 X_i 与除 X_i 之外的自变量 $\{X_1, \cdots, X_j, \cdots, X_p\}^T (j \neq i)$ 之间的多重相关系数的平方。若容忍度 Tol_i 小于 0.10 或者最大的方差膨胀因子 VIF 大于 10，说明所建立的多元回归模型存在严重的多重共线性。

条件数指标计算公式如下：

$$CI_i = \sqrt{\lambda_{\max} / \lambda_i} \qquad (2-29)$$

式中：$\lambda_{\max}$ 为正交矩阵 $X_i^T X_i$ 最大的特征值，CI_i 为特征值 λ_i 所对应的条件数。若条件数 CI_i 介于 30 和 100 之间，也可以认为所建立的多元回归模型存在显著的多重共线性问题。

此外，所建立的回归模型也要接受显著性检验。原假设（H_0）为：$\beta_i = 0 (i = 0, 1, \cdots, m)$，显著性检验的统计值服从自由度为 $p - m - 1$ 的 F 分布。

$$F = \frac{S_R}{S_e} \frac{p - m - 1}{m} \sim F(m, p - m - 1) \qquad (2-30)$$

式中：$S_e = \sum_{i=1}^{p} (y_i - \hat{y}_i)^2$ 为残差平方和；$S_R = \sum_{i=1}^{p} (\hat{y}_i - \overline{y})^2$ 为回归平方和。

采用相关系数（r）和调整后的确定性系数（R_{adj}^2）评价所建立的回归模型与实测水质序列的拟合度。相关系数计算公式如下：

$$r = \frac{\sum (x_i - \overline{x})(y_i - \overline{y})}{\sqrt{\sum (x_i - \overline{x})^2 \sum (y_i - \overline{y})^2}} \qquad (2-31)$$

R_{adj}^2 可基于 Wherry's 公式来计算：

$$R_{adj}^2 = 1 - (1 - R^2) \frac{m-1}{m-p-1} \qquad (2-32)$$

式中：R^2 为原始的确定性系数。

2.3　流域环境水文过程数值模拟

2.3.1　流域水文-水动力-水质耦合模型

人类活动严重干扰了自然流域的水文循环及所伴随的污染负荷运移过程，通过构建数值模型模拟综合调控下的流域水量及水质过程，对调控流域的水污染控制和水资源可持续管理具有重要的意义。自然流域一般可概化为坡面和河网水系单元进行水及物质演算。已有研究显示，流域水文循环过程具有强烈的非线性、时变和不确定性（夏军，2002）。由于气候条件各异、下垫面地形地貌复杂、人类活动频繁等，坡面水文过程多呈过渡流形态，机理过程尚难以准确描述，本研究采用基于水文非线性系统理论的时变增益模型（TVGM）的坡面产汇流模块，进行流域降水-径流转化分析，并与单位质量响应方程（Unit-Mass Response Function，UMRF）进行耦合，以描述由坡面降水驱动汇入河网的污染负荷过程，上述系统理论方法简单有效，能较好地反映水文过程中的非线性、时变等性质，并为河网水量水质演进提供了易于获得、简便的坡面水量、水质边界条件。此外，流域范围内水利工程设施的修建与调控、点源污染排放等将增强水量及污染物质运移过程的非线性等特质，进一步影响了河流的水动力学及水质过程。因此，将闸坝调控模块与河网水动力、水质模型进行耦合，可准确地描述人类活动干扰下的水量、水质过程，并为评估人类活动对流域环境水文过程的影响提供了一种数值模拟方法。

流域水文-水动力-水质耦合模型框架如图 2-5 所示。耦合集成思路为：坡面降水-径流-污染物非线性响应与运移模块为河道水动力学模块和河道水质模块提供汇入河道的坡面水流及污染物过程；河道水动力学模块为河道水质模块中污染物的迁移与转化提供非恒定水流运动过程；河道水动力学模块和水质模块为闸坝调控提供非恒定水流和污染物输入，闸坝调控模块为其提供调控的水流及水质边界条件。

流域坡面和河道的最小计算单元分别为子流域和网格。在子流域尺度进行坡面径流和污染物产生和汇流的非线性计算，得到的直接径流及伴随的污染物过程，沿河长均匀汇入河道网格，进行河道水动力及水质过程汇流演算。同时，基于闸坝位置，将闸坝概化为特殊的河道网格节点，结合闸坝调度规则或推求的闸坝调度模式，进行闸坝调控计算，并为下游非恒定水流及污染物运移提供

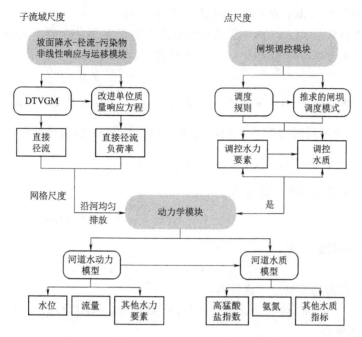

图 2-5 流域水文-水动力-水质耦合模型框架

边界条件。

2.3.1.1 时变增益水文模型

1989—1995 年，夏军分析了全球 40 多个不同尺度流域的水文气象资料，并通过水文非线性系统理论的方法构建了降雨径流时变增益模型（TVGM），从理论上证明了降雨径流间的非线性关系，指出该模型等价于二阶 Volterra 泛函级数。基于非线性降雨径流关系，该模型认为降雨产流过程中土壤湿度（即土壤含水量）不同所引起的产流量变化，是降雨径流关系存在非线性的重要原因。TVGM 模型较适于受季风影响的半干旱、半湿润地区以及中小流域。2005 年，该集总式的流域水文模型进一步被开发为分布式时变增益水文模型（Distributed Time Variant Gain Model，DTVGM），并不断经过模块扩展和功能完善，在淮河、海河等多个流域得到了应用和检验。该非线性时变增益水文模型包括流域产流和流域汇流两部分。

1. 产流模块

TVGM 为二水源模型，流域总产流量包括地表产流量 R_s 和地下产流量 R_g。

$$R_s(t) = G_s(t) X(t) \tag{2-33}$$

式中：$G_s(t)$ 为地表产流因子，$G_s(t) = g_1 + g_2 API(t)$，$0 \leqslant G_s(t) \leqslant 1$；$g_1$ 和 g_2 是地表增益因子，分别为地表产流常数项和系数项，与流域下垫面特征有关；

$X(t)$ 为降雨量，mm；$R_s(t)$ 为地表产流量，mm。

实测资料显示，$G_s(t)$ 与流域土壤湿度具有较好的相关性。若缺乏土壤湿度资料，可用土壤前期影响因子 API 近似代替，即

$$API(t) = \int_0^t U_0(\sigma) X(t-\sigma) \mathrm{d}\sigma = \int_0^t \frac{\exp\left(-\dfrac{\sigma}{K_e}\right)}{K_e} X(t-\sigma) \mathrm{d}\sigma \quad (2-34)$$

式中：K_e 为流域滞时参数，一般可取系统记忆长度 m 的倍数，m 通常与流域面积、流域坡度等有关；$U_0(\sigma) = \exp\left(-\dfrac{\sigma}{K_e}\right) / K_e$。

由此，可得到地表产流量为

$$R_s(t) = g_1 X(t) + \int_0^t g_2 U_0(t-\sigma) X(\sigma) X(t) \mathrm{d}\sigma \quad (2-35)$$

地下产流计算如下：

$$R_g(t) = G_g API(t) = g_3 API(t) \quad (2-36)$$

由此，可得到流域总产流量为

$$R(t) = [g_1 + g_2 API(t)] X(t) + g_3 API(t) \quad (2-37)$$

2. 汇流模块

(1) 坡面汇流。TVGM 模型的地表汇流采用 Nash 瞬时单位线计算：

$$u(0,t) = \frac{1}{k\,\Gamma(n)} \left(\frac{t}{k}\right)^{n-1} \mathrm{e}^{-t/k} \quad (2-38)$$

式中：n 为线性水库的个数，反映了流域的调蓄能力；k 为流域滞时参数，h；$\Gamma(N) = \int_0^\infty x^{N-1} \mathrm{e}^{-x} \mathrm{d}x$。

实际降雨径流计算中，通过 S 曲线法将 $u(0, t)$ 转换为无因次的时段单位线 $u(\Delta t, t)$，继而再转化为时段单位线 $q(\Delta t, t)$。由时段降雨过程和时段单位线推求流域出口断面的流量过程。$S(t)$ 曲线如下：

$$S(t) = \int_0^t u(0,t) \mathrm{d}t = \frac{1}{\Gamma(N)} \int_0^{t/k} \left(\frac{t}{k}\right)^{N-1} \mathrm{e}^{-t/k} \mathrm{d}\left(\frac{t}{k}\right) \quad (2-39)$$

其中，$\int_0^{t/k} \left(\dfrac{t}{k}\right)^{N-1} \mathrm{e}^{-t/k} \mathrm{d}\left(\dfrac{t}{k}\right) \approx \left[\dfrac{1}{N} + \dfrac{\dfrac{t}{k}}{N(N+1)} + \cdots + \dfrac{\left(\dfrac{t}{k}\right)^i}{N(N+1)\cdots(N+i)} + \cdots\right] \cdot$

$\mathrm{e}^{-\frac{t}{k}}\left(\dfrac{t}{K}\right)^N$ 把 $S(t) \geqslant 0.999$ 时所对应的 t 记作单位线的历时 T_u。

流域出口断面的地表径流过程可表示为

$$Q_s(t) = \sum_{i=1}^{T_u} q(\Delta t, i) h(t-i+1) \quad t = 1, 2, \cdots, T_Q;\ 1 \leqslant t-i+1 \leqslant T_h$$

$$(2-40)$$

式中：T_Q 为地表径流历时，h；T_h 为地表净雨历时，h；h 为地表净雨过程，mm；Δt 为实测的降雨、径流数据的时间间隔，h。

（2）地下汇流。基于地下径流的水量平衡方程和蓄泄关系，采用线性水库法演算地下流量：

$$\frac{\mathrm{d}W_g}{\mathrm{d}t} = I_g - Q_g - E_g \tag{2-41}$$
$$W_g = k_g Q_g$$

式中：I_g 为地下水库的入流量，m^3/s；Q_g 为地下水库的出流量，m^3/s；E_g 为地下水库的蒸发量，m^3/s；W_g 为地下水库的蓄水量，m^3；k_g 为线性水库的蓄泄常数，h，反映了地下水的平均汇集时间。

对式（2-41）进行离散化处理，可得到水库的泄流量为

$$Q_g(t) = \frac{\Delta t}{k_g + 0.5\Delta t}(\overline{I_g} - \overline{E_g}) + \frac{k_g - 0.5\Delta t}{k_g + 0.5\Delta t}Q_g(t-1) \tag{2-42}$$

式中：$Q_g(t)$ 和 $Q_g(t-1)$ 分别为 t 时刻和 $t-1$ 时刻的地下径流流量，m^3/s；$\overline{I_g}$ 为 t 时刻地下水库平均入流流量，m^3/s；$\overline{E_g}$ 为 t 时刻地下水库平均蒸发量，m^3/s。

令 $KKG = \frac{k_g - 0.5\Delta t}{k_g + 0.5\Delta t}$，线性水库地下汇流计算公式如下所示：

$$Q_g(t) = R_g(1-KKG)\frac{F}{3.6\Delta t} + Q_g(t-1)KKG \tag{2-43}$$

式中：F 为流域面积，km^2。

（3）河道汇流。TVGM 模型采用马斯京根流量演算法进行河道汇流演算，由河道的入流过程推算河道下断面的出流过程：

$$\begin{cases} C_{c,2} = C_0 Q_{r,2} + C_1 Q_{r,1} + C_2 Q_{c,1} \\ C_0 = \dfrac{0.5\Delta t - Kx}{K - Kx + 0.5\Delta t} \\ C_1 = \dfrac{0.5\Delta t + Kx}{K - Kx + 0.5\Delta t} \\ C_2 = \dfrac{K - 0.5\Delta t - Kx}{K - Kx + 0.5\Delta t} \\ C_0 + C_1 + C_2 = 1 \end{cases} \tag{2-44}$$

式中：$Q_{r,1}$、$Q_{r,2}$ 分别为时段始、末上断面的入流流量，m^3/s；$Q_{c,1}$、$Q_{c,2}$ 分别为时段始、末下断面的出流流量，m^3/s。

2.3.1.2 坡面降水-径流-污染物非线性响应与运移模拟

在一个给定流域范围内、给定时段内的降水所产生的地表径流过程线，是

对整个流域综合物理特性的响应过程，即降水径流单位线。通过系统分析方法得到的单位线，可看作是一个线性系统权函数，是简化了的线性扩散波。流域坡面形态比河道形态更为复杂，坡面产、汇流过程具有强烈的非线性特质。同样地，在流域范围内，降水也是流域污染物、泥沙等由坡面冲刷汇入河网的驱动力。因此，在特定的流域内，时空均匀分布的单位净雨在形成地表径流过程的同时，也会形成相应的地表污染负荷过程，流域降水-径流-污染物输移转化过程如图 2-6 所示。

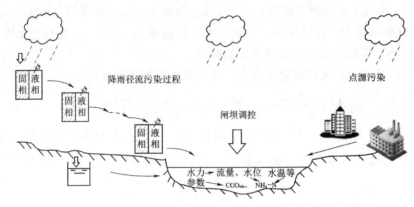

图 2-6　流域降水-径流-污染物输移转化过程示意图

1. 坡面产、汇流过程

将流域坡面过程看作一个系统，以坡面降水过程为系统输入，坡面汇入河网的地表径流过程为系统输出，建立坡面降水径流非线性关系（夏军，2002）如下：

$$y(t) = \sum_{m=1}^{n} \int_0^t \cdots \int_0^t u_n(\tau_1, \cdots, \tau_m) \prod_{j=1}^{m} h(t - \tau_j) \mathrm{d}\tau_1 \cdots \mathrm{d}\tau_m \qquad (2-45)$$

式中：u_n 为 n 阶等核函数；n 为系统的非线性响应程度；h 为净雨量，mm；$y(t)$ 为坡面汇入河网的地表径流过程，m^3/s。

若仅取 $n=1$，式（2-45）变为降水径流的线性关系，即

$$y(t) = \int_0^t u(\tau) h(t - \tau) \mathrm{d}\tau \qquad (2-46)$$

式中：$u(\tau)$ 为 Nash 瞬时单位线，m^3/s，即线性核函数。

在一个给定的流域范围内，坡面汇入河网的地表径流过程和瞬时单位线流量如下：

$$\begin{cases} Q_s(t, N, k) = \int_0^t U(\tau, N, k) h(t - \tau) \mathrm{d}\tau \\ U(\tau, N, k) = \dfrac{Fk}{\Gamma(N)} (k\tau)^{N-1} \mathrm{e}^{-k\tau} \end{cases} \qquad (2-47)$$

式中：$Q_s(t,N,k)$ 为 t 时刻坡面汇入河网的地表径流过程，m^3/s；$U(\tau,N,k)$ 为 τ 时刻瞬时单位线的流量，m^3/s；N 为线性水库的个数；k 为水库调蓄参数，h；$h(t-\tau)$ 为 $t-\tau$ 时刻的地表净雨强度，mm/h，具有非线性特质；F 为流域面积，km^2。

根据时变增益产流模块，可得地表净雨量如下，记 $U_0(\sigma)=\exp\left(-\dfrac{\sigma}{K_e}\right)/K_e$：

$$h(t-\tau)=g_1X(t-\tau)+g_2\int_0^{t-\tau}U_0(t-\tau-\sigma)X(\sigma)X(t-\tau)\mathrm{d}\sigma \quad (2-48)$$

取 $H_1(\tau)=g_1U(\tau,N,k)$，$H_2(\sigma,\tau)=g_2U_0(\sigma)U(\tau,N,k)$，式（2-47）可表示为

$$Q_s(t,N,k)=\int_0^t H_1(\tau,N,k)X(t-\tau)\mathrm{d}\tau+\int_0^t\int_0^{t-\tau}H_2(\tau,t-\tau-\sigma)X(\sigma)X(t-\tau)\mathrm{d}\sigma\mathrm{d}\tau$$

$$(2-49)$$

即时变增益模型的产、汇流过程可描述流域降水和径流间的非线性关系，并能表达为 Volterra 二阶泛函形式。坡面地下径流的产、汇流过程见时变增益水文模型的地下产、汇流模块。

2. 坡面地表污染负荷过程

基于单位线的概念，假定污染物单位线为降水径流单位线和径流中污染物的浓度分布之积，即

$$u'=uC_{x,s} \quad (2-50)$$

式中：u' 为污染物的核函数，g/s；$C_{x,s}$ 为坡面地表径流中污染物 x 的浓度分布，mg/L。

由此，可得到坡面的降水污染物之间的非线性关系，即

$$L_{x,s}(t)=\sum_{m=1}^n\int_0^t\cdots\int_0^t u_n'(\tau_1,\cdots,\tau_m)\prod_{j=1}^m h(t-\tau_j)\mathrm{d}\tau_1\cdots\mathrm{d}\tau_m \quad (2-51)$$

式中：$L_{x,s}(t)$ 为坡面汇入河网的地表径流中污染物 x 的地表径流负荷率过程，g/s。

若仅取 $n=1$，式（2-51）变为降水径流污染物间的线性关系，即

$$L_{x,s}(t)=\int_0^t u'(\tau)h(t-\tau)\mathrm{d}\tau=\int_0^t u(\tau)C_{x,s}(\tau)h(t-\tau)\mathrm{d}\tau \quad (2-52)$$

基于上述概念，将 TVGM 的非线性产、汇流模块引入瞬时污染单位线，可得到坡面地表径流污染物的负荷量过程。Zingales 等（1984）基于 Nash 瞬时单位线和污染物质量平衡方程，提出了瞬时污染单位线（Unit Mass Response Fuction，UMRF），即将流域概化为线性串联水库，来描述流域对地面净雨的调蓄和传播过程，同时对产污过程进行调蓄和转化。在给定的流域范围内，均匀分布的瞬时降水过程所形成的单位污染物质量通量（污染物的负荷率），即为该

污染物所对应的瞬时污染单位线。

假定污染物由流域表层土壤中持续地进入地表净雨，并随水流汇入假定的线性串联的固-液两相水库。上述污染物从土壤表层的释放过程可用一阶吸收动力学方程来描述，即

$$\frac{\partial C_x}{\partial t} = k_x (C_{Ex} - C_x) \tag{2-53}$$

式中：C_x 为 t 时刻污染物 x 的浓度，mg/L；C_{Ex} 为污染物 x 在地表净雨中的平衡浓度，mg/L，与污染物的种类、季节、植被、温度等有关；k_x 为污染物 x 的补给速率常数，$\mathrm{h^{-1}}$，反映了固、液两相界面对污染物 x 的影响。

求解式（2-53）可得任一 τ 时刻污染物 x 的浓度为

$$C_x(\tau) = C_{Ex} [1 - e^{-k_x \tau}] \tag{2-54}$$

瞬时污染单位线 UMRF 中并未考虑流域降水产流过程的非线性特质，将时变增益因子引入该模型中，即可得到流域坡面上非线性的降水-径流-污染物过程。

坡面入河地表径流中污染物 x 的负荷率 $Load_{x,s}$ 为

$$Load_{x,s}(t, N, k, k_x) = \int_0^t U(\tau) C_x(\tau) h(t - \tau) \mathrm{d}\tau \tag{2-55}$$

将式（2-48）代入式（2-55），可得

$$Load_{x,s}(t, N, k, k_x) = g_1 \int_0^t C_x(\tau) U(\tau) X(t - \tau) \mathrm{d}\tau$$
$$+ g_2 \int_0^t \int_0^{t-\tau} U(\tau) C_x(\tau) U_0(t - \tau - \sigma) X(\sigma) X(t - \tau) \mathrm{d}\sigma \mathrm{d}t \tag{2-56}$$

坡面地表径流中污染物 x 的浓度为

$$C_{x,s}(t, N, k, k_x) = C_{Ex} \left[\left(1 - \frac{k}{k + k_x}\right)^N \frac{Q_s(t, N, k + k_x)}{Q_s(t, N, k)} \right] \tag{2-57}$$

t 时刻地表径流中污染物 x 的负荷量为

$$\sum L_{x,s} = C_{Ex} \left[V_s(t, N, k) - \left(\frac{k}{k + k_x}\right)^n V_s(t, N, k + k_x) \right] \tag{2-58}$$

式中：$V_s(t, N, k)$ 为至 t 时刻的坡面地表径流总量，$\mathrm{m^3}$。

作为一个流域概念模型，输入参数为易于获取的降水过程，模型表达和计算简易直接，并可通过非线性响应函数等考虑降水产流过程固有的非线性特质，从理论上解释了污染物浓度-流量过程中的滞后效应。

3. 坡面地下污染负荷过程

地下径流中污染物浓度较低，且随时间变幅较小，假定地下径流中污染物 x 的浓度为 $C_{x,g}(t)$，随地下径流汇入河网中污染物 x 的负荷量 $Load_{x,g}$ 为

$$Load_{x,g}(t)=C_{x,g}(t)Q_g(t) \tag{2-59}$$

基于 TVGM 的地下水汇流模块，式 (2-59) 可表示为

$$Load_{x,g}(t)=C_{x,g}(t)R_g(t)(1-KKG)\frac{F}{3.6\Delta t}+C_{x,g}(t)Q_g(t-\Delta t)KKG \tag{2-60}$$

式中：$Load_{x,g}(t)$ 为 t 时刻污染物 x 由坡面地下径流汇入河网的负荷率，g/s；$R_g(t)$ 为 t 时刻的地下净雨量，mm；$Q_g(t-\Delta t)$ 为 $t-\Delta t$ 时刻的地下径流量，m³/s。

将式 (2-36) 代入式 (2-60)，可得

$$Load_{x,g}(t)=C_{x,g}(t)G_g(t)(1-KKG)\frac{F}{3.6\Delta t}\int_0^t \exp\left(-\frac{\sigma}{K_e}\right)\frac{X(t-\sigma)}{K_e}d\sigma$$
$$+C_{x,g}(t)Q_g(t-\Delta t)KKG \tag{2-61}$$

在给定的流域坡面上，坡面水流汇入河网的径流量 Q 即为地表径流 Q_s 与地下径流 Q_g 之和，即

$$Q(t)=Q_s(t)+Q_g(t) \tag{2-62}$$

坡面汇入河网的污染物 x 的负荷量 $Load_x$ 即为地表径流中污染物 x 的负荷量 $Load_{x,s}$ 与地下径流中污染物 x 的负荷量 $Load_{x,g}$ 之和，即

$$Load_x(t)=Load_{x,s}(t)+Load_{x,g}(t) \tag{2-63}$$

2.3.1.3　河网数值模型

天然河道中的水流大多为渐变非恒定流，以重力波的形式引起河道水位、流量等变化，可用圣维南全微分方程组进行河道水动力演进，以准确地描述水流的运动过程，并为刻画河道污染物的迁移转化提供水力学基础。对于水利工程调控的河流，多呈现急变非恒定流形态，可根据质量和能量守恒的原理求解。

1. 水流运动模拟

圣维南方程组可描述简单明渠一维非恒定流的运动规律，包括水流连续方程和动量守恒方程，具体表示形式如下：

$$\begin{cases} B\frac{\partial Z}{\partial t}+\frac{\partial Q}{\partial x}=q \\ \frac{\partial Q}{\partial t}+\alpha v\frac{\partial Q}{\partial x}+(gA-Bv^2)\frac{\partial Z}{\partial x}-v^2\frac{\partial A}{\partial x}\Big|_z+gn^2\frac{|Q|Q}{AR^{4/3}}=qV_x \end{cases} \tag{2-64}$$

式中：Z 为河道水位，m；Q 为河道流量，m³/s；q 为区间旁侧入流，m³/s；A 为河道过水断面的面积，m²；B 为水面宽，m；R 为水力半径，m；V_x 为旁侧入流流速在水流 x 方向上的分量，m/s；v 为河道流速，m/s；n 为河道糙率系数；g 为重力加速度，m/s²；α 为动量校正系数；t 为时间，s；x 为流程，m。

多条河道交汇处的节点称为河道汊点，可根据质量守恒方程和能量守恒方

程，推求河道汊点处的水流运动情势。由质量守恒方程可知，单位时间内进入某一汊点处的流量减去流出的流量等于该汊点处的蓄水量的变化量，如式（2-65）所示：

$$\sum_j Q_j = \frac{\mathrm{d}V}{\mathrm{d}t} \tag{2-65}$$

式中：Q_j 为第 j 条流经该汊点的流量，m^3/s；V 为该汊点处的蓄水量，m^3。

由能量守恒方程可知，流入与流出该汊点的河道断面处的能量相等，汊点处伯努利方程可表示为

$$\rho g Z_j + \frac{1}{2}\rho v_j^2 + p = const \tag{2-66}$$

式中：ρ 为河道水体密度，$\mathrm{kg/m}^3$；p 为河道水面所承受的大气压强，$\mathrm{kg/(m \cdot s^2)}$；$Z_j$ 为第 j 条流经该汊点的河道过水断面水位，m；v_j 为第 j 条流经该汊点的河道流速，$\mathrm{m/s}$；$const$ 为常数，$\mathrm{kg/(m \cdot s^2)}$。

水流运动数值求解采用 Preissmann 四点隐式差分格式。该方法是对变量 f 以及一阶偏微商在相邻的点和相邻的时间采用加权平均法进行离散，变量 f 采用网格周围四个相邻点的加权平均值进行逼近，如式（2-67）和图 2-7 所示。

$$\begin{cases} f \Big|_M = \dfrac{\theta}{2}(f_{j+1}^{n+1} + f_j^{n+1}) + \dfrac{1-\theta}{2}(f_{j+1}^n + f_j^n) \\[2mm] \dfrac{\partial f}{\partial x}\Big|_M = \theta\,\dfrac{f_{j+1}^{n+1} + f_j^{n+1}}{\Delta x} + (1-\theta)\dfrac{f_{j+1}^n - f_j^n}{\Delta x} \\[2mm] \dfrac{\partial f}{\partial t}\Big|_M = \dfrac{f_{j+1}^{n+1} + f_j^{n+1} - f_{j+1}^n - f_j^n}{2\Delta t} \end{cases} \tag{2-67}$$

式中：θ 为时间加权因子，即权重系数，$0 \leqslant \theta \leqslant 1$。当 $0.5 < \theta \leqslant 1$ 时，该格式为一阶精度且无条件稳定，当 $\theta < 0.5$ 时为一阶精度有条件稳定；当 $\theta = 0.5$ 时，该格式为二阶精度。

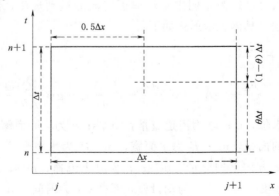

图 2-7　Preissmann 差分格式示意图

忽略圣维南方程组离散时的二阶微量，式（2-64）可简化为线性方程组，如下所示：

$$\begin{cases} -Q_j^{n+1}+Q_{j+1}^{n+1}+C_j Z_j^{n+1}+C_j Z_{j+1}^{n+1}=D_j \\ E_j Q_j^{n+1}-F_j Z_j^{n+1}+G_j Q_{j+1}^{n+1}+F_j Z_{j+1}^{n+1}=\Psi_j \end{cases} \quad (2-68)$$

其中：

$$\begin{cases} C_j=\dfrac{B_{j+\frac{1}{2}}^n \Delta x_j}{2\Delta t\theta} \\[2mm] D_j=\dfrac{q_{j+\frac{1}{2}}\Delta x_j}{\theta}-\dfrac{1-\theta}{\theta}(Q_{j+1}^n-Q_j^n)+C_j(Z_{j+1}^n+Z_j^n) \\[2mm] E_j=\dfrac{\Delta x_j}{2\Delta t\theta}-(\alpha u)_j^n+\left(\dfrac{g|u|}{2\theta C^2 R}\right)_j^n \Delta x_j \\[2mm] F_j=(gA)_{j+\frac{1}{2}}^n \\[2mm] G_j=\dfrac{\Delta x_j}{2\Delta t\theta}+(\alpha u)_{j+1}^n+\left(\dfrac{g|u|}{2\theta C^2 R}\right)_{j+1}^n \Delta x_j \\[2mm] \Psi_j=\dfrac{\Delta x_j}{2\Delta t\theta}(Q_{j+1}^n+Q_j^n)-\dfrac{1-\theta}{\theta}\left[(\alpha u Q)_{j+1}^n-(\alpha u Q)_j^n\right]-\dfrac{1-\theta}{\theta}(gA)_{j+\frac{1}{2}}^n(Z_{j+1}^n-Z_j^n) \end{cases}$$

$$(2-69)$$

式中：上标 n、$n+1$ 为时刻点；下标 j、$j+1$ 为空间点。其中，C_j、D_j、E_j、F_j、G_j、Ψ_j 均由初值计算。

对于水位边界条件，建立如下的追赶方程，联立给定的下边界条件，可进行水流演算。

$$\begin{cases} Q_j=S_{j+1}-T_{j+1}Q_{j+1} \\ Z_{j+1}=P_{j+1}-V_{j+1}Q_{j+1} \end{cases} \quad (j=L_1, L_1+1, \cdots, L_2) \quad (2-70)$$

其中，

$$\begin{cases} S_{j+1}=\dfrac{G_j Y_3-Y_4}{G_j Y_1+Y_2} \\[2mm] T_{j+1}=\dfrac{C_j G_j-F_j}{G_j Y_1+Y_2} \\[2mm] P_{j+1}=Y_3-S_{j+1}Y_1 \\[2mm] V_{j+1}=G_j-T_{j+1}Y_1 \end{cases}, \quad \begin{cases} Y_1=V_j+C_j \\ Y_2=F_j+E_j V_j \\ Y_3=D_j+P_j \\ Y_4=\Psi_j-E_j P_j \end{cases}。$$

对于流量边界条件，建立如下的追赶方程，联立给定的下边界条件，进行水流演算。

$$\begin{cases} Z_j=S_{j+1}-T_{j+1}Z_{j+1} \\ Q_{j+1}=P_{j+1}-V_{j+1}Z_{j+1} \end{cases} \quad (j=L_1, L_1+1, \cdots, L_2) \quad (2-71)$$

其中，
$$
\begin{cases}
S_{j+1} = \dfrac{C_j Y_2 - F_j Y_1}{F_j Y_3 + C_j Y_4} \\[2mm]
T_{j+1} = \dfrac{C_j G_j - F_j}{F_j Y_3 + C_j Y_4} \\[2mm]
P_{j+1} = \dfrac{Y_1 + S_{j+1} Y_3}{C_j} \\[2mm]
V_{j+1} = \dfrac{1 + T_{j+1} Y_3}{C_j}
\end{cases}
\quad
\begin{cases}
Y_1 = D_j - C_j P_j \\
Y_2 = \Psi_j + F_j P_j \\
Y_3 = 1 + C_j V_j \\
Y_4 = E_j + F_j V_j
\end{cases}
。
$$

对于水位-流量关系边界条件 $Q = h(Z)$ 或 $Z = k(Q)$，通过线性化建立如下追赶方程，联立下边界条件，可进行洪水演算。求解格式类似于流量边界条件。

$$
\begin{cases}
Z_j = S_{j+1} - T_{j+1} Z_{j+1} \\
Q_{j+1} = P_{j+1} - V_{j+1} Z_{j+1}
\end{cases}
\quad (j = L_1, L_1 + 1, \cdots, L_2) \qquad (2-72)
$$

2. 水质模拟

河道水质模型为预测、描述污染物的物理、化学及生物等作用过程提供了数值模拟基础，为流域水质管理提供了有效、及时的先决信息。此外，一维水动力模型为水质模拟提供了详尽的河流水力学过程，可提高河道水质模拟的精度。通过提取现实世界的水环境信息构建河道一维水质迁移转化方程，可直观地描述水体内部污染物的时空变化规律，分析不同流域管理模式对水质的影响。天然河网水流运动极为复杂，将其概化为一维水系即可满足河道水质数值模拟的需求，如式（2-73）所示。

$$
\frac{\partial (AC)}{\partial t} + \frac{\partial (QC)}{\partial x} = \frac{\partial}{\partial x}\left(AE\,\frac{\partial C}{\partial x} \right) + \sum S_i A \qquad (2-73)
$$

式中：C 为污染物浓度，mg/L；A 为过水断面面积，m^2；Q 为河道流量，m^3/s；t 为时间，d；x 为河水的流动距离，km；E 为河流的纵向离散系数 E_d、分子扩散系数 E_m 和紊动扩散系数 E_t 之和，km^2/d，一般而言，常可忽略 E_m 和 E_t 项，则 $E = E_m + E_d + E_t \approx E_d$；$\sum S_i$ 为河流水体污染物的源、汇项，$\text{mg}/(\text{L} \cdot \text{d})$。

一般在求解一维水质迁移转化基本方程时，需与非恒定水流运动过程相耦合，由河道的水位、流量、流速、水深等水力要素的时空变化过程驱动水质方程，求解河网水质浓度的变化过程。其中，不同的水质指标作为相互独立的状态变量进行计算。水流运动数值求解采用的隐式差分格式如下：

$$
\frac{\partial f}{\partial t} = \frac{f_i^{\,n+1} - f_i^{\,n}}{\Delta t} \qquad (2-74)
$$

$$
\frac{\partial f}{\partial x} = \frac{f_i^{\,n+1} - f_{i-1}^{\,n+1}}{\Delta x_i} \qquad (2-75)
$$

离散一维水质迁移转化方程，得到如下离散方程：

$$
\omega_j C_{j-1}^{i+1} + \xi_j C_j^{i+1} + \eta_j C_{j+1}^{i+1} = \Omega_j \qquad (2-76)
$$

式中，$j=2,3,\cdots,n-1$。各系数计算公式如下：

$$\begin{cases} \omega_j = \dfrac{-\Delta t}{\Delta x_j^2}(AE)_{j-1} - \dfrac{\Delta t}{2\Delta x_j}Q_{j-1}^{i+1}(1+f) \\[2mm] \xi_j = A_j^{i+1} + f\dfrac{Q_j^{i+1}}{\Delta x_j}\Delta t + \dfrac{(AE)_j^{i+1}}{\Delta x_j^2}\Delta t + \dfrac{(AE)_{j-1}^{i+1}}{\Delta x_j^2}\Delta t \\[2mm] \eta_j = -\dfrac{(AE)_j^{i+1}}{\Delta x_j^2}\Delta t + (1-f)\dfrac{Q_{j-1}^{i+1}}{2\Delta x_j}\Delta t \\[2mm] \Omega_j = (AC)_j^i - K_j^i A_{j+\frac{1}{2}}^i C_j^i \Delta t + S_j^i \Delta t \end{cases} \tag{2-77}$$

式中：Δx 为空间步长；Δt 为时间步长；K 为污染物的综合降解系数，d^{-1}；f 为调节因子，$f = \mathrm{sign}\left\{\left(\dfrac{Q}{A}\right)_i^n\right\}$，由于研究区河流流向基本确定，即取 $f=1$。

联合边界条件，即可求解下一时刻的水质浓度。上边界条件为源头的水质浓度值；采用传递边界作为下边界条件。采用追赶法，联合一维水动力演算结果，即可求解：

$$\begin{cases} C_i = M_i + N_i C_1 + L_i C_{i+1} & (i=2,\cdots,n-1) \\[2mm] C_n = \dfrac{M_n - L_n M_{n-1} + (N_n - L_n N_{n-1})C_1}{1 - 2L_n + L_n L_{n-1}} & (i=n) \end{cases} \tag{2-78}$$

其中，$M_i = \dfrac{\varphi_i - \alpha_i M_{i-1}}{\alpha_i L_{i-1} + \beta_i}$，$N_i = \dfrac{-\alpha_i N_{i-1}}{\alpha_i L_{i-1} + \beta_i}$，$L_i = \dfrac{-r_i}{\alpha_i L_{i-1} + \beta_i}$。

对于河网汊点，建立如下的污染物负荷平衡方程：

$$\sum Q_j C_j = CA_s \frac{\mathrm{d}Z}{\mathrm{d}t} \tag{2-79}$$

式中：Q_j 为流入与流出该汊点的水流流量，m^3/s；C_j 为水质浓度，$\mathrm{mg/L}$；A_s 为河网汊点处的水面面积，m^2；C 为汊点处的水质浓度，$\mathrm{mg/L}$；Z 为汊点处的水位，m。

根据上述分析可知，一维水质模型主要包括污染物综合降解系数 K 和河流纵向离散系数 E_d 两个参数，与河流流动特性、污染物质属性和季节等因素有关，需根据研究区的实际情况确定。

（1）污染物综合降解系数。影响污染物综合降解系数 K 的因素，主要包括影响微生物活性和生存环境特征的因素。水体中氨氮随着水流会产生有机氮的矿化、底泥释放氨氮等，导致氨氮浓度增加，氨氮也会沉降至河底、被藻类吸收等而导致浓度降低。因此，将有机氮水解为氨氮的速率、氨氮氧化速率、底泥释放氨氮的速率以及氨氮沉降速率等，概括为氨氮的综合降解系数。高锰酸盐污染物在水体中主要会随着污染物的降解而减少，随着底泥释放污染物而增加，因此高锰酸盐指数的综合降解系数包括污染物氧化速率和底泥释放速率两部分。

Arrhenius、Bosk、Tierney-young 等已开展了大量研究，并建立了不同影响因素与 K 的经验关系以描述污染物的降解过程（雒文生 等，2000）。综合已有研究，以及淮河流域的实际情况，基于如下经验公式计算氨氮和高锰酸盐指数的综合降解系数：

$$K = \beta^{(T_w - 20)}(K_{20} + 0.197J^{0.599}\frac{u}{R}) \qquad (2-80)$$

式中：β 为各污染物的温度系数，本研究确定为 $\beta_N = 1.017$，$\beta_{COD} = 1.047$；T_w 为河流水温，℃；K_{20} 为 20℃时水体污染物的综合降解系数，d^{-1}；J 为河底坡降；u 为河道过水断面平均流速，m/s；R 为河道过水断面的水力半径，m。

（2）河流纵向离散系数。纵向离散系数 E_d 是在实际水流运动过程中，由速度分布不均而产生的对流扩散运动。已有研究提出了大量的经验公式估算纵向离散系数，主要假设水流流速分布不均对离散系数的影响与河宽的平方成正比，纵向离散系数经验公式列表见表 2-1。

表 2-1　　　　　　　　　纵向离散系数经验公式列表

序号	公　　式	参　考　文　献
1	$E_d = 0.58\left(\dfrac{h}{u_*}\right)^2 vB$	McQuivey 等（1974）
2	$E_d = 5.93hu_*$	Elder（1959）
3	$E_d = 0.011\dfrac{v^2B^2}{hu_*}$	Fisher 等（1996）
4	$E_d = 0.6\dfrac{u_*B^2}{h}$	Koussis 等（1998）
5	$E_d = \gamma\dfrac{u_*A^2}{h^3}$ （$\gamma = 0.5 \sim 0.6$）	Liu（1977）
6	$E_d = 5.915\left(\dfrac{B}{h}\right)^{0.62}\left(\dfrac{v}{u_*}\right)^{1.428}hu_*$	Seo 等（1998）
7	$E_d = 0.2\left(\dfrac{B}{h}\right)^{1.3}\left(\dfrac{v}{u_*}\right)^{1.2}hu_*$	Li 等（1998）

注　B 为河道过水断面水面宽度，m；h 为河道过水断面平均水深，m；v 为河道过水断面流速，m/s；u_* 为河道摩阻流速，m/s，$u_* = \sqrt{gHJ}$；g 为重力加速度，m/s^2。

经验公式具有一定的局限性，在缺乏实测资料的情况下，可选取适当的形式来估算该参数，根据已有分析研究，以及淮河流域的实际情况，基于如下经验公式估算河流纵向离散系数：

$$E_d = \alpha\left(\frac{B}{R}\right)^{2.1}\left(\frac{u}{u_*}\right)^{0.7}Ru_* \qquad (2-81)$$

式中：α 为经验系数，可通过模型参数率定获得。

2.3.1.4　闸坝调控模块

对于人类调控剧烈的河网，闸坝修建改变了河道的自然形态，破坏了河流的连续性，水流运动及污染物迁移转化过程与天然河流不一致。由于闸门启闭频繁且迅速，水流属于明渠急变流，违反了圣维南方程组的水力连续性假设，已无法使用圣维南方程组对河道水流状态进行求解。闸坝调度增强了水文过程的非线性特质，因此，应结合流域的实际情况，耦合闸坝调控的具体规则，以模拟人类活动扰动下的流域水量水质过程。

流域内修建的闸坝等水利工程是河流的水力奇异点，需根据闸坝的水力特性单独处理。在闸上和闸下设置两个虚拟节点，根据闸坝内节点的相容条件，在节点间建立过闸水流的连续性方程和能量守恒方程，如式（2-82）所示。闸坝调度规则采用闸门数量及其开度、堰的泄流系数、宽度及高程等属性数据进行刻画。

$$\begin{cases} \sum_i Q_i = 0 \\ \rho g Z_1 + \alpha_1 \dfrac{v_1^2}{2g} = \rho g Z_2 + (\alpha_2 + \lambda) \dfrac{v_2^2}{2g} \end{cases} \quad (2-82)$$

式中：Q_i 为过闸流量，$\mathrm{m^3/s}$；Z_1 为闸上水位，m；Z_2 为闸下水位，m；v_1 为闸上节点过水断面的流速，m/s；v_2 为闸下节点过水断面的流速，m/s；α_1 和 α_2 分别为闸上和闸下水流的动能修正系数；λ 为局部水头损失系数。

宽顶堰（$2.5H<\delta<10H$，δ 为堰顶厚度，H 为堰顶水头）在我国较为普遍，如节制闸、分洪闸、泄洪闸等均为宽顶堰，且其对河道水流影响较大，本处以其为例说明。闸坝出流共可分为自由堰流、淹没堰流、自由孔流和淹没孔流四种出流状态。不同出流状态的流量计算公式如下：

自由堰流：
$$Q = C_1 B h_1^{1.5} \quad (2-83)$$

淹没堰流：
$$Q = C_2 B h_1 \sqrt{Z_1 - Z_2} \quad (2-84)$$

自由孔流：
$$Q = M_1 B e \sqrt{h_1 - h_c} \quad (2-85)$$

淹没孔流：
$$Q = M_2 B e \sqrt{Z_1 - Z_2} \quad (2-86)$$

式中：Q 为堰闸流量，$\mathrm{m^3/s}$；C_1 和 C_2 分别为自由堰流和淹没堰流流量系数；M_1 和 M_2 分别为自由孔流和淹没孔流流量系数；B 为闸孔总宽，m；Z_1 和 Z_2 为闸上、下水位，m；h_1 为闸上游水头，m；e 为闸门开启高度，m。

对于不同的出流形态，可建立如下的出流公式：
$$Q^{n+1} = \alpha_d + \beta_d (Z_l^{n+1} - Z_d) \quad (2-87)$$

式中：α_d 与 β_d 为与闸坝属性和闸上、下水位等有关的参数。

可得到如下的追赶方程：

$$\begin{cases} Z_1 = S_2 - T_2 Z_2 \\ Q_2 = P_2 - V_2 Z_2 \end{cases} \tag{2-88}$$

式中：S_2、T_2、P_2 和 V_2 为 α_d 和 β_d 的函数。将上述方程组（2-88）联解上下游的边界条件，即可回代求得闸上和闸下河道各断面的水位、流量过程。

2.3.1.5 参数敏感性分析

采用随机 OAT（One Factor at a Time）方法对构建的流域水文-水动力-水质耦合模型进行参数敏感性分析。随机 OAT 方法被认为是最简单的方法，该方法通过每次重复向单一参数添加一个小的变化（正向或负向），同时保持其他参数不变，从而量化模型模拟效果。敏感度 I 计算公式如下：

$$I_j = \left| \frac{100 \times \left(\dfrac{F[x_1, \cdots, x_j \times (1 + \Delta x_j), \cdots, x_m] - F(x_1, \cdots, x_j, \cdots, x_m)}{F(x_1, \cdots, x_j, \cdots, x_m)} \right)}{\Delta x_j} \right| \tag{2-89}$$

式中：I 为敏感度，$I>0$ 表示模型模拟结果随参数增加而增加，$I<0$ 表示模型模拟结果随参数增加而减小；$F(\cdot)$ 为模型方程；Δx_j 为参数变化百分比。

参数敏感性分为 Ⅰ~Ⅳ 级，表示模型参数灵敏度较小、中等灵敏度、高灵敏度和极为灵敏。灵敏度等级划分见表 2-2。

表 2-2   灵 敏 度 等 级 划 分

等级	取值范围	灵敏度
Ⅰ级	$0.00 \leqslant |I| < 0.05$	灵敏度较小
Ⅱ级	$0.05 \leqslant |I| < 0.20$	中等灵敏度
Ⅲ级	$0.20 \leqslant |I| < 1.00$	高灵敏度
Ⅳ级	$|I| \geqslant 1.00$	极为灵敏

2.3.2 流域非点源污染模型

20世纪90年代初由美国农业部基于 SWRRB 模型研制开发的 SWAT（Soil and Water Assessment Tool）模型，较适于流域分布式非点源污染模拟。模型在发展过程中，结合 MATSALU 和 MODFLOW 模型等，演化生成了 SWIM、SWATMOD、SWAT-G 和 E-SWAT 等形式，并在全球多个流域得到了应用。模型主要包括气象模块、水文模块、非点源污染模块、河道内水质模块、池塘/湖泊等水质模块以及作物生长模块等。

由于流域下垫面和气候因子具有强烈的空间异质性，可根据 DEM 以及监测站点的位置等，将流域划分为若干个子流域（subbasin），并进一步根据下垫面土地利用和土壤分布情况和农业管理措施等，将子流域划分为一个或多个最小的计算单元，即水文响应单元（Hydrologic Response Unit，HRU）。单个 HRU 仅有一种土地利用类型和土壤类型。

2.3.2.1　水文模块

SWAT 模型基于土壤水的水量平衡方程来模拟流域内水循环物理过程 [式（2-90）]，并将流域的水文过程划分为陆面和水面水文过程。前者模拟了子流域中水流、泥沙、营养物质和杀虫剂等向河道的运移，后者模拟了水流及各物质由河网汇集到流域出口断面的过程。陆面水文过程是基于 HRU 单独进行计算的，模型将每个子流域上的 HRUs 的计算结果累加后，进行水面过程的演算。

$$SW_t = SW_0 + \sum_{i=1}^{t} (R_{day} - Q_{surf} - E_a - w_{seep} - Q_{gw}) \qquad (2-90)$$

式中：SW_t 为第 t 天的土壤水含量，mm；SW_0 为初始土壤水含量，mm；t 为时间，d；R_{day} 为第 i 天的降水量，mm；Q_{surf} 为第 i 天的地表径流量，mm；E_a 为第 i 天的蒸发量，mm；w_{seep} 第 i 天的下渗量，mm；Q_{gw} 为第 i 天的回归流，mm。

水文过程包括冠层蓄水、下渗、蒸散发、重新分配、地表径流、壤中流、池塘、河道支流、输移损失和基流等过程。SWAT 模型提供了两种地表径流的计算方法，其中，格林-安普特（Green-Ampt）法根据监测的次降雨数据计算下渗量和地表径流；由于次气象资料难以获取，一般多采用经验的 SCS 曲线数法进行日尺度地表径流计算，并采用降水量与地表径流的差值间接求得下渗过程。洪峰流量采用修正的推理方程模拟；采用动能储蓄方程计算各土层的侧向壤中流，地下水模块采用浅层地下水的水量平衡方程计算地下出流量；采用土层厚度和含水量的指数方程估计实际土壤水蒸发，使用潜在蒸散发和叶面指数方程估计潜在土壤水蒸发和植物散发，其中，潜在蒸散发可用 Hargreaves、Priestley-Taylor、Penman-Monteith 三种方法之一估计。主河道多采用马斯京根流量演算法计算。

2.3.2.2　非点源污染模块

1. 泥沙

SWAT 模型可模拟流域内泥沙的迁移转化过程。HRU 尺度的土壤侵蚀采用修正的土壤流失方程（Modified Universal Soil Loss Equation，MUSLE）进行估算，计算如下：

$$m_{sed} = 11.8(Q_{surf} \cdot q_{peak} \cdot A_{hru})^{0.56} \cdot K_{USLE} \cdot C_{USLE} \cdot P_{USLE} \cdot LS_{USLE} \cdot CFRG \qquad (2-91)$$

式中：m_{sed} 为土壤侵蚀量，t；Q_{surf} 为地表径流量，mm；q_{peak} 为峰值流量，m³/s；

A_{hru} 为 HRU 面积，hm^2；C_{USLE} 为植被覆盖、管理因子；K_{USLE} 为土壤侵蚀因子；LS_{USLE} 为地形因子；P_{USLE} 为水土保持措施因子；$CFRG$ 为粗碎屑因子。

泥沙输移考虑坡面和河道两部分，可同时模拟泥沙的沉积和降解。若河道中泥沙的浓度大于 $con_{sed,ch,mx}$，则河道中泥沙沉积起主导作用，否则，以降解为主要过程。河道可输移的最大泥沙量计算如下：

$$con_{sed,ch,mx} = c_{sp} \cdot v_{ch,pk}^{spexp} \tag{2-92}$$

式中：$con_{sed,ch,mx}$ 为随水流可输移的最大泥沙浓度，kg/L；c_{sp} 为用户指定的系数；$v_{ch,pk}$ 为河道最大流速，m/s；$spexp$ 为用户指定的指数。

2. 营养物质

SWAT 模型能追踪流域中氮、磷等营养物质在土壤中的运移及通过氮、磷循环的转化过程。氮的补给来源包括：氮的固化作用、硝化过程、施肥过程和降雨等，而氨氮挥发、矿化作用、反硝化过程等将消耗氮含量。土壤中氮的存在形态包括溶解态和非溶解态两种。溶解态氮随地表径流、壤中流或下渗等过程汇入河网，地表径流、壤中流和渗流中的硝酸盐计算如下：

$$NO_{3surf} = \beta_{NO_3} \cdot conc_{NO_3,mobile} \cdot Q_{surf} \quad \text{（地表）}$$

$$NO_{3lat,ly} = \begin{cases} \beta_{NO_3} \cdot conc_{NO_3,mobile} \cdot Q_{lat,ly} & \text{（10mm 土层）} \\ conc_{NO_3,mobile} \cdot Q_{lat,ly} & \text{（10mm 以下土层）} \end{cases} \tag{2-93}$$

$$NO_{3perc,ly} = conc_{NO_3,mobile} \cdot w_{perc,ly} \quad \text{（渗流）}$$

式中：NO_{3surf}、$NO_{3lat,ly}$ 和 $NO_{3perc,ly}$ 分别为随地表径流、壤中流和渗流流失的硝酸盐浓度，kg/hm^2；β_{NO_3} 为渗流系数；$conc_{NO_3,mobile}$ 为自由水中的硝态氮浓度，kg/mm；Q_{surf}、$Q_{lat,ly}$、$w_{perc,ly}$ 分别为地表径流、壤中流和渗流，mm。

随泥沙汇集进入河网的有机氮含量，是有机氮、产沙量和富集率的函数。

$$orgN_{surf} = 0.001 \cdot conc_{orgN} \cdot \frac{sed}{A_{hru}} \cdot \varepsilon_{N,sed} \tag{2-94}$$

式中：$orgN_{surf}$ 为随地表径流输移到主河道的有机氮含量，kg/hm^2；$conc_{orgN}$ 为表层 10mm 土层中有机氮的含量，g/t；sed 为日泥沙产量，t；$\varepsilon_{N,sed}$ 为氮富集率；A_{hru} 为 HRU 面积，hm^2。

磷的迁移过程与氮相似，由于土壤中磷的浓度存在梯度差，且磷的移动性较差，仅地表 10mm 土层中的可溶态磷在扩散作用下随地表径流汇流。随泥沙汇集进入河网的有机磷和矿物质磷（吸附态磷）含量，是吸附态、产沙量和富集率的函数。地表径流中溶解磷计算如下：

$$P_{surf} = \frac{P_{solution,surf} \cdot Q_{surf}}{\rho_b \cdot depth_{surf} \cdot k_{d,surf}} \tag{2-95}$$

式中：P_{surf} 为地表径流中溶解磷总量，kg/hm^2；$P_{solution,surf}$ 为表层 10mm 土壤中溶解磷的总量，kg/hm^2；Q_{surf} 为地表径流量，mm；ρ_b 为第一层土壤的体积密

度，mg/m³；$depth_{surf}$ 为表层土壤的深度，mm；$k_{d,surf}$ 为磷在土壤中的分配系数，m³/mg。

2.3.2.3 河道水质模块

泥沙以及氮、磷等营养物质进入主河道后，可通过地表径流与壤中流向下游传输。SWAT 模型采用 QUAL-2E 模型描述河道内水质状况的变化，模型以溶解氧含量计算为中心，可同时模拟 21 种不同营养物质、生化需氧量、杀虫剂、叶绿素等的动态变化过程。

河道中有机氮、氨氮、亚硝酸氮和硝酸氮的日变化过程可分别用下式描述：

$$\Delta orgN_{str} = (\alpha_1 \cdot \rho_a \cdot algae - \beta_{N,3} \cdot orgN_{str} - \sigma_4 \cdot orgN_{str}) \cdot TT \quad (2-96)$$

$$\Delta NH_{4str} = [\beta_{N,3} \cdot orgN_{str} - \beta_{N,1} \cdot NH_{4str} + \frac{\sigma_3}{(1000 \cdot depth)}] \cdot TT$$

$$- fr_{NH4} \cdot \alpha_1 \cdot \mu_a \cdot algae \cdot TT \quad (2-97)$$

$$\Delta NO_{2str} = (\beta_{N,1} \cdot NH_{4str} - \beta_{N,2} \cdot NO_{2str}) \cdot TT \quad (2-98)$$

$$\Delta NO_{3str} = [\beta_{N,2} \cdot NO_{2str} - (1 - fr_{NH4}) \cdot \alpha_1 \cdot \mu_a \cdot algae] \cdot TT \quad (2-99)$$

式中：$\Delta orgN_{str}$、ΔNH_{4str}、ΔNO_{2str} 和 ΔNO_{3str} 分别为有机氮、氨氮、亚硝酸氮和硝酸氮的日变化浓度，mg/L；α_1 为叶绿素生物量中有机氮的含量，mg/mg；ρ_a 为当地藻类的死亡速率，d^{-1} 或 h^{-1}；$algae$ 为一天初始的藻类生物含量，mg/L；$\beta_{N,1}$、$\beta_{N,2}$ 和 $\beta_{N,3}$ 分别为氨氮氧化速率常数、亚硝酸氮氧化为硝酸氮的速率常数、有机氮转化为氨氮的速率常数，d^{-1} 或 h^{-1}；$orgN_{str}$、NH_{4str} 和 NO_{2str} 分别为一天初始的有机氮、氨氮和亚硝酸氮浓度，mg/L；σ_3 为泥沙中氨氮的释放系数，mg/(m² · d) 或 mg/(m² · h)；σ_4 为有机氮的沉降系数，d^{-1} 或 h^{-1}；fr_{NH4} 为藻类吸收氨氮的系数；TT 为河道汇流时间，d 或 h；$depth$ 为河道中水深，m。

2.3.2.4 参数敏感性分析

SUFI-2 (Sequential Uncertainty Fitting version 2) 采用拉丁超立方采样法 (Latin hypercube sampling，LHS) 进行参数随机采样，采用 OAT (One factor at A Time) 和全局灵敏度方法来确定最敏感的参数。LHS 可选择率定参数 $x_j (j=1,2,\cdots,m)$ 的取值范围和分布，由于难以确定参数的先验分布，可假定参数先验分布服从均匀分布，将参数 x_j 取值范围划分为 N 段（N 为期望模拟次数），每段的取样概率为 $P(x_{j,k} < x < x_{j,k+1}) = 1/N (k=1,2,\cdots,N)$。各参数每段只采样一次，并将取样参数进行随机组合，最大组合数为 $(N!)^{m-1}$。模型运行 N 次后可获得 $m \times N$ 阶采样矩阵，并且每列包含一个参数集。

全局灵敏性方法通过对 LHS 生成的参数与目标函数进行多元回归分析得到参数敏感性排序。回归方程的一般形式如下：

$$g = \alpha + \sum_{i=1}^{m} \beta_i b_i \tag{2-100}$$

式中：g 为目标函数；β_i 为回归系数；b_i 为采样参数。

为确定各参数的相对显著性，需进行自由度为 $n-1$ 的 T 检验，检验统计量如下：

$$T = \frac{\overline{x} - \mu_0}{s/\sqrt{n}} \tag{2-101}$$

式中：$\overline{x}$ 为采样均值；s 为采样标准差；n 为采样大小。根据 T 分布可确定参数敏感度的显著性水平 p。T 的绝对值越大，相应的参数越敏感，p 值越接近 0，参数的敏感度越显著。

为有效识别参数，可根据流域的水文、土壤、土地利用等因素对参数进行聚合，表示形式为

$$x\_\langle parname \rangle.\langle ext \rangle\_\langle hydrogrp \rangle\_\langle soltext \rangle\_\langle landuse \rangle\_$$
$$\langle subbsn \rangle\_\langle slope \rangle$$

其中，$x\_$ 表示参数修改方法代码，即参数赋值、参数加值、参数乘以（1+给定值）；$\langle parname \rangle$、$\langle ext \rangle$、$\langle hydrogrp \rangle$、$\langle soltext \rangle$、$\langle landuse \rangle$、$\langle subbsn \rangle$ 和 $\langle slope \rangle$ 分别表示 SWAT 模型参数名、输入文件扩展名、土壤水力参数组、土壤质地类型、土地利用类型、子流域数和坡度等。

SUFI-2 的多目标函数有 7 种类型，本研究选取的目标函数表示如下：

$$\phi = \begin{cases} |b|R^2 & (|b| \leqslant 1) \\ |b|^{-1}R^2 & (|b| > 1) \end{cases} \tag{2-102}$$

式中：R^2 为实测与模拟值间的确定性系数；b 为回归系数。

2.4　环境变化对流域环境水文过程的影响评估

2.4.1　人类活动影响评价

1. 闸坝调控影响评价

通过情景设定的闸坝调度规则驱动水文-水动力-水质耦合模型，可以定量地评价闸坝调控对流域水量和水质状况的影响。一般而言，流域内闸坝的闸门在汛期保持全开状态，以满足防洪安全的要求。因此，汛期闸坝水位流量间存在一定的相关关系，可通过建立如下回归模型进行识别：

$$Q = \alpha_n Z^n + \cdots + \alpha_1 Z + \alpha_0 + \varepsilon \quad [\varepsilon \sim N(0, \sigma^2)] \tag{2-103}$$

式中：α 为回归方程系数；Z 为闸上水位，m；ε 为随机误差项，m^3/s，服从标准正态分布，均值为 0，σ 为标准差，m^3/s；Q 为过闸流量，m^3/s；n 为多项式

的阶数，一般取 1 即可。

上述建立的回归方程需进行显著性检验分析，检验中原假设 H_0 为 $\alpha_j = 0(j=1,2,\cdots,n)$。检验统计值服从自由度为 $q-n-1$ 的 F 分布，如式（2-104）所示。在显著性水平为 $p=0.05$ 的条件下，若统计值 $|F|>F_{1-p/2}$，则拒绝原假设，认为所建立的回归方程是显著的。

$$F=\frac{S_R}{S_e}\frac{q-n-1}{n}\sim F(n,q-n-1) \qquad (2-104)$$

式中：$S_e=\sum_{i=1}^{p}(Q_i-\hat{Q}_i)^2$ 为残差平方和，$(m^3/s)^2$；$S_R=\sum_{i=1}^{p}(Q_i-\overline{Q})^2$ 为回归平方和，$(m^3/s)^2$；q 为数据序列长度。

回归方程拟合效果的优劣一般可用确定性系数 R^2 进行评价，计算如下：

$$R^2=\frac{\sum_{i=1}^{q}(\hat{Q}_i-\overline{Q})^2}{\sum_{i=1}^{q}(Q_i-\hat{Q}_i)^2} \qquad (2-105)$$

式中：$\hat{Q}_i$ 为回归方程拟合的流量值，m^3/s；$\overline{Q}$ 为实测流量均值，m^3/s；Q_i 为实测的流量值，m^3/s。

上述基于水位流量过程建立的回归方程通过显著性检验后，可在相同的气象条件、流域边界和初始条件下驱动流域水文-水动力-水质耦合模型，得到闸门全开下的流域水情和水质情势，用以分析闸坝调控对流域水文水环境状况的影响。

2. 多种人类活动影响评价

点源污染排放、非点源污染流失、闸坝调控等人类活动可强烈扰动流域环境水文过程。设计不同污染源强度（点源排放量、非点源污染流失等分别削减 0~100%）、有无闸坝调控等管理方案，驱动流域水文-水动力-水质耦合模型，模拟不同情景下主要水污染地区坡面水文水污染过程、重点断面径流（流量、水位）和水质指标（COD_{Mn} 和 NH_4-N 浓度）变化过程；定量分析点源排放、非点源污染流失等因素对坡面径流和污染物迁移转化的影响，以及闸坝调控对河道径流和污染物的影响。各评估指标的变化率计算如下：

$$\eta=\frac{\sum(M_0-M_1)}{\sum M_0} \qquad (2-106)$$

式中：η 为各评估指标的变化率，包括点源污染评估（η_{point}）、非点源污染评估（$\eta_{diffuse}$）、闸坝调控评估（η_{dam}）和污染物排放评估（$\eta_{pollutants}$）；M_0 为现状人类活动扰动下的评估指标（水位、流量、COD_{Mn} 和 NH_4-N 浓度等）；M_1 为不同情景（S0~S4）下的评估指标。

　　情景 S0 为基准情景，即流域的点源污染排放、非点源污染流失和闸坝调控等保持现状不变。情景 S1、情景 S2 和情景 S4 用于评估污染源影响，其中，情景 S1 为现状点源污染排放量削减 100%（η_{point}），情景 S2 为现状非点源污染流失削减 100%（$\eta_{diffuse}$），情景 S4 为现状点源和非点源污染量削减 100%（$\eta_{pollutants}$）；一般而言，η_{point}、$\eta_{diffuse}$ 和 $\eta_{pollutants}$ 均大于 0，即外部污染源加剧水质恶化。情景 S3 为闸坝闸门全开（η_{dam}），若 $\eta_{dam} > 0$，说明现状污染源排放强度下闸坝调控可抬高水位、增加泄流量、恶化水质状况；若 $\eta_{dam} < 0$，说明现状污染源排放强度下闸坝调控可降低水位、减少泄流量、改善水质状况；若 $\eta_{dam} = 0$，说明闸坝调控影响可忽略不计。

　　采用如下评价指标解耦闸坝调控和污染源排放对河流水质变化的影响：

$$\varepsilon_{dam} = \begin{cases} \dfrac{\eta_{dam}}{\eta_{dam} + \eta_{pollutants}} & (\eta_{dam} > 0) \\[2mm] 0 & (\eta_{dam} \leq 0) \end{cases} \qquad (2-107)$$

$$\varepsilon_{pollutants} = \begin{cases} \dfrac{\eta_{pollutants}}{\eta_{dam} + \eta_{pollutants}} & (\eta_{dam} > 0) \\[2mm] 1 & (\eta_{dam} \leq 0) \end{cases} \qquad (2-108)$$

式中：ε_{dam} 和 $\varepsilon_{pollutants}$ 分别为闸坝调控贡献率和污染源排放贡献率。

　　若 $\eta_{dam} \leq 0$，闸坝调控有利于改善水质状况，污染源排放是导致流域水污染的主要原因。若考虑多个水质指标，采用线性加权法确定闸坝和污染源排放的综合贡献率。

$$\begin{cases} \hat{\varepsilon}_{dam} = \sum_{j=1}^{n} w_j \varepsilon_{dam,j} \\[4mm] \hat{\varepsilon}_{pollutants} = \sum_{j=1}^{n} w_j \varepsilon_{pollutants,j} \end{cases} \qquad (2-109)$$

式中：$\hat{\varepsilon}_{dam}$ 和 $\hat{\varepsilon}_{pollutants}$ 分别为闸坝调控综合贡献率和污染源排放综合贡献率；n 为水质指标数；w_j 为第 j 个水质指标的权重，可取为 $1/n$。

2.4.2　气候变化影响评价

　　采用调整系数法将未来气候情景数据由月尺度投影得到日尺度气象变量（降水、最高气温和最低气温等），计算如下式所示。其中，各气象站的调整系数由基准年预测的气象数据与未来月气候情景数据比较得到，并由调整系数与实测的历史日气象监测序列，可投影得到未来日尺度的气象变量。未来不同

时期的降水和气温调整系数计算如下所示,其中,气温序列包括最高气温和最低气温序列:

$$\begin{cases} \omega_P = \dfrac{P_{scenario} - P_{baseline}}{P_{baseline}} \times 100\% \\ \omega_T = T_{scenario} - T_{baseline} \end{cases} \quad (2-110)$$

式中:ω_P 和 ω_T 分别为降水和气温调整系数;$P_{scenario}$ 为未来情景下的月均降水量,mm;$T_{scenario}$ 为未来情景下的气温序列,℃;$P_{baseline}$ 为基准期模拟的月均降水量,mm;$T_{baseline}$ 为基准期模拟的气温序列,℃。

保持流域现状农业管理措施、牲畜养殖、废污水排放和土地利用等不变,以投影后得到的未来不同时期的日气象数据驱动已校准好的模型,得到未来不同气候情景下不同时期的流量过程、泥沙、氮磷负荷过程,及其在流域内的空间分布。将其与基准期的水情和污染负荷的时空分布特征进行比较,可得到气候变化对流域非点源污染负荷的影响量化指标,计算如下:

$$\chi = \frac{I_{scenario} - I_{baseline}}{I_{baseline}} \quad (2-111)$$

式中:$I_{scenario}$ 为未来气候情景下不同时期的流量、泥沙负荷和氮磷负荷过程;$I_{baseline}$ 为基准期的相应流量、泥沙负荷、氮磷负荷过程;χ 为气候变化对流域流量或泥沙、氮磷负荷过程的影响系数,零值说明气候变化影响不显著,正值说明气候变化增加了流量、泥沙负荷和氮磷负荷,反之亦然。

2.5 本章小结

本章阐述了流域环境水文过程的内在机理及环境变化的作用机制,提出了调控流域环境水文过程数值模拟的研究框架,包括环境水文要素变化特征检测与归因方法、流域水文-水动力-水质耦合模型、流域非点源污染模型、环境变化对流域环境水文过程的影响评估方法等。本章的主要研究内容小结如下:

(1)采用多元统计分析方法评估流域环境水文要素的变化,其中 Seasonal Mann-Kendall 检验可检测指定季节(月份或周)水文环境要素的趋势,无需对序列进行"去噪化"预处理,全局和局部 Moran's I 指数可探索流域水文环境要素分布的空间自相关性,主成分分析法和动态 k 均值聚类法可辨识典型水质类型,并可通过回归分析识别对流域水文环境要素变化影响较大的人类活动因子。

(2)对于高度调控河流,构建流域水文-水动力-水质耦合模型,包括坡面降水-径流-污染物非线性响应与运移模块、动力学模块以及闸坝调控模块、参数敏感性分析等,采用情景分析方法,识别污染源和闸坝调控等人类活动对流域水情和水质过程的影响。

（3）对于非点源污染较为严重的流域，可基于流域历史水情、水质及污染源调查分析，采用 Soil and Water Assessment Tool 构建流域非点源污染模型，分析流域水情及非点源污染负荷的时空分布，采用调整系数法和未来气候情景模式，量化气候变化对流域非点源污染的影响。

第 3 章
调控河流水质变化的多元统计分析

淮河流域是我国高度调控与污染的流域之一，水污染事故频发，也是我国"三河三湖"治理之首。因其复杂的流域属性和高强度的人类调控作用，流域环境水文过程已发生了显著的变化，流域水污染防治工作极为严峻。通过流域水质时空变化检测，识别水质要素的时空分布和变化规律，可挖掘潜在的水质问题，识别可能导致水质变化的自然变异或人类干扰等因素，为流域水环境治理提供理论基础和技术支撑。

3.1 研究区与数据

3.1.1 研究区概况

淮河流域是我国第六大流域，位于东经 $111°55'\sim121°25'$，北纬 $30°55'\sim36°36'$，也是我国水污染最严重、闸坝最密集和人口密度最大的地区之一。流域总面积约 27 万 km^2，其中蚌埠闸以上流域面积 12 万 km^2，约占全流域总面积的44%。干流发源于河南省桐柏县主峰太白顶西北侧，跨越湖北、河南、安徽、山东和江苏五省，自西向东汇入长江。淮河流域地处长江流域和黄河流域之间，东临黄海，西起桐柏山和伏牛山，南临大别山和江淮丘陵，北临黄河南堤和沂蒙山。淮河流域以废黄河为界，包括南部淮河水系（71%）和北部沂沭泗水系（29%）。以王家坝以上地区为上游流域，以王家坝至洪泽湖出口为中游流域，以洪泽湖出口以下为下游流域。

1. 地形地貌

淮河流域地势分布西北高、东南低，处于第二、第三级阶梯之间。流域内主要分布有平原（52.72%）、洼地（13.87%）、山地（9.70%）、丘陵（6.55%）和台地（17.16%）。山区高程一般为 $300\sim3500m$，中山为 $1000\sim3500m$，低山为 $300\sim1000m$，西部山区包括伏牛山和桐柏山，流域内海拔最高地区便位于河南省伏牛山顶峰石人山（2153m），为强烈侵蚀形成的切割山地；南部和东北部分布有大别山和沂蒙山区。丘陵区高程为 $50\sim300m$。中部和东部地区多为平原、湖泊和洼地等。平原区属于黄淮海平原（2～100m），上游平原区（30～100m）易发生洪灾；中游平原区（10～30m）易发生涝灾；下游平原区（2～10m）易发生洪、涝和潮灾；南四湖西北平原区（30～50m）易发生洪灾；沂沭河下游平原区（5～50m）易发生涝灾。

2. 土壤植被

淮河流域主要的土壤类型包括潮土、砂姜黑土、水稻土、棕壤、粗骨土和褐土，分别占流域面积的 36.21%、14.18%、13.25%、9.04%、7.05% 和 5.83%。黄潮土和砂姜黑土主要分布在淮北平原的中南部，且土壤质地较疏松，适宜耕作；水稻土主要分布在淮南冲积平原北部和里下河平原；滨海盐土主要分布在江苏和山东滨海的平原区。流域内植被分布具有地带性和过渡性特点，主要的植被类型包括针叶、竹林、灌丛、藤本、盐生和沙生植物等。落叶阔叶林主要分布在伏牛山及淮北暖温带，落叶阔叶林-常绿阔叶混交林主要分布在淮南的北亚热带地区，常绿阔叶林、落叶阔叶林和针叶松林的混交林主要分布在大别山区。流域内桐柏山和大别山、伏牛山、沂蒙山的森林覆盖率分别为 30%、21% 和 12%。平原地区多种植和栽培作物，淮南地区主要种植一年两熟的水稻和小油菜等，淮北地区主要种植小麦、玉米、棉花、高粱等。

3. 水文气象

淮河流域位于我国南北气候过渡带，北部地区降水时空分布不均，易发生水旱灾害，冬长夏短，气温年内变化大；南部地区冬短夏长，较为湿润。流域内气候温和，四季分明，光热充足，大气系统复杂多变，地势较为平坦，流域旱涝频繁。多年平均气温为 11～16℃，年内气温差值为 25.1～28.8℃，极端最高和最低气温为 44.5℃（河南省汝州市）和 -24.1℃（安徽省固镇县）。多年平均水面蒸发量达到 900～1500mm，多年平均相对湿度为 63%～81%，东、南部偏高，西、北部偏低，多年平均日照时数为 1990～2650h。流域多年平均降水量为 883mm，且自南向北逐渐减少，降水年际变化较大，丰水、平水和枯水年交替频繁，降水年内分布不均，多集中在夏季，6—9 月降水量占年均降水量的 50%～80%。降水量最大的地区为南部大别山区（1300～1400mm），最小的地区为淮河平原黄河沿岸地区（600～700mm）。其中，淮河水系年均降水（910mm）略多于沂沭泗水系（836mm）。降水多由低空急流天气系统、切边线天气系统和气旋波天气系统引起，暴雨类型主要包括由涡切变和台风形成的大暴雨。由于流域内暴雨洪水过程超过了河道的下泄能力，黄河夺淮导致淮河中下游下垫面地势平坦、河道淤积，以及人类过度开发等导致流域洪涝灾害严重。

流域多年平均径流深约为 230mm，其中，淮河水系年均径流深（237mm）略大于沂沭泗水系（215mm）。流域多年平均水资源量为 621 亿 m³，略高于国际公认的水危机临界值（500m³），属于水资源短缺地区。其中，地表水和地下水资源量分别占流域总水量的 75% 和 25%。地表水资源量年内时空分布不均，汛期地表水资源量占全年的 55%～82%，年际变化剧烈，最大年径流量约为最小年径流量的 5～25 倍，多年平均年径流系数为 0.10～0.60。流域多年平均缺水量为 50.9 亿 m^3，其中，淮河水系和沂沭泗水系缺水量分别为 38.4 亿 m^3 和 12.5 亿 m^3。2010 年流域水资源开发利用率为 54.6%，超过了国际公认的河流合理开发利用临界值的 40%。

4. 河流水系

淮河流域水系众多，以废黄河为界，主要分为淮河和沂沭泗水系。历史上黄河多次夺淮入海，淮河水系遭受了较大的变迁。在淮北平原和苏北地区形成了颍河、涡河、汴水、濉水和泗水，下游形成了洪泽湖，由长江入海。淮河水系支流众多，经由河南、安徽和江苏，由扬州三江营汇入长江，集水面积 19.12 万 km^2，上、中、下游平均坡降分别为 0.5‰、0.03‰ 和 0.04‰。淮河中上游水系南岸支流众多，发源于大别山区和江淮丘陵区，河源较短、水流湍急，主要支流包括灌河、史河、东淝河、淠河和池河等。主要的北岸支流包括发源于伏牛山的洪河、汝河和沙颍河，及发源于黄河的涡河和包浍河等，河源较长，地势平坦，易于发生洪涝灾害。下游水系主要包括苏北灌溉总渠、淮沭河、入海水道、下河及滨海地区水系。其中，沙颍河和涡河分别是淮河水系第一和第二大支流。

沂沭泗水系集水面积为 7.81 万 km^2，这三条水系分别发源于山东鲁山南麓、沂山和沂蒙山。沂河自北向东南汇入江苏骆马湖；沭河南部支流汇入老沂河，东部支流入海；泗河经由南四湖汇入骆马湖，经由燕尾港入海或经由中运河下泄。

由于黄河夺淮，且淮河中游地势较为平坦，河道泄洪不畅，形成了较多的河湖洼地。淮河和沂沭泗水系的湖泊分别包括高邮湖、洪泽湖、邵伯湖等，以及南四湖、骆马湖等。洪泽湖和南四湖分别是流域内最大和第二大湖泊，也分别是我国第四大和第五大淡水湖。

5. 社会经济

淮河流域跨越 5 个省 47 个地市，流域内总人口为 1.8 亿人，是我国人口密度最大的流域（607 人/km^2）。中华人民共和国成立后，随着流域内兴修水利，洪涝灾害问题有所改善，淮河流域已成为重要的农业基地，淮北地区更是粮食和棉花的主产区和煤炭、电力基地。流域内主要种植的作物有小麦、水稻、玉米、大豆、棉花和油菜等。流域内耕地面积占全流域面积的 48.53%，约占全国耕地面积的 14.3%。流域内铁路以及内陆航运业较为发达。流域工业总产值和国内生产总值分别约为全国总水平的 12% 和 10%，人均 GDP 约为全国平均水平的 50%。流域内区域经济发展较不平衡，总体属于经济欠发达地区。

6. 水环境状况

20 世纪 70 年代以来，随着流域经济社会发展、人口激增以及水资源开发利用等，淮河流域水环境状况日益恶化，并引起了国内外的广泛关注。淮河流域是我国"三河三湖"重点流域水污染防治之首。截至目前，点源污染仍是导致淮河流域水质恶化的主要污染源。过去 10 年来，淮河流域废污水排放量呈逐年增加的趋势。此外，由于农村管网建设不完善，且随着农业化肥的大量施用，农村分散型牲畜养殖规模逐渐增大，农业面源污染的情势日益严峻，2000 年面源污染物约占全流域污染物入河总量的 30%。

流域内所设立的 86 个国家水质监测站中，一半以上的水质站点的水质未达到地表水Ⅲ类水标准。过去 10 年来，淮河流域全部评价河长中，全年、汛期和非汛期期间劣Ⅴ类水河长均逐年减少，而Ⅳ类和Ⅴ类水河长比例有所增加，非汛期Ⅲ类水河长比例也有所增加。淮河流域严重污染河长比重有所下降，污染情势有所减弱，但Ⅲ类水以上河长并未有较大变化，流域水污染问题依然很严峻。流域内水污染事故频繁发生，如 1989 年、1991 年、1992 年、1994 年、1995 年、2000 年、2002 年和 2004 年，均对流域的水环境和生态状况带来了毁灭性的灾害，严重威胁了流域居民的生命和饮水安全，且对流域造成了较大的经济损失。此外，2008 年流域 71 个水生态调查断面中，水生态系统脆弱和不稳定的比例分别为 73% 和 18%，流域河湖生态系统遭受了严重的破坏。

中华人民共和国成立以来，政府于 1994 年在淮河流域建立了第一个污染防治的关键控制工程——淮河流域水污染控制工程。于 1995 年颁发了第一部流域性水污染防治法规，即《淮河流域水污染防治暂行条例》，指出要在 1997 年年底流域各省工（企）业基本实现达标排放，2000 年实现淮河水体变干净，即著名的"淮河零点行动"。1996 年、2003 年和 2008 年国务院分别批复了淮河流域水污染防治"九五""十五""十一五"计划，以期实现流域水污染防治。自此，流域内有 1139 个企业在期限内完成水污染治理，上千个高度污染的小企业和工程被关闭。尽管流域治污取得了阶段性的胜利，但是 2000 年年底并未实现淮河干流水质达到Ⅲ类水标准。2004 年 7 月暴发的突发性重大水污染事故震惊了国内外，污染河段长达 150km，污染事件持续了 10d。

7. 水利设施

淮河流域是我国水利工程修建最密集的流域，中华人民共和国成立以来，确定了"蓄泄兼筹"的治淮方针，联合流域内 5 省共同治理淮河。近 50 年来，共修建了 5700 多座水库、6000 多座水闸和 5.5 万多座电力抽水站，有效地满足了流域灌溉、供水、防洪、排涝、航运和渔业需求。其中，大型水库和大中型水闸分别为 36 座和 600 座。佛子岭、响洪甸、梅山和磨子潭水库有效地拦蓄了大别山山区 60 多亿 m^3 的洪水，供水库蓄水发电和农田灌溉使用。流域内平均约每 50km² 便建有一座闸坝，闸坝总库容约占年径流总量的 51%，水闸类型包括节制闸、排水闸、分洪闸、挡潮闸、进水闸和退水闸等。其中，淮河干流的闸坝主要以防洪和蓄水等调控功能为主，调控能力较强；洪汝河的闸坝主要以防洪、分洪为主，并与蓄滞洪区联合使用，调控能力较弱；沙颍河水资源较为短缺，修筑的闸坝主要以灌溉为主，并已用于水污染联防调度中；涡河的闸坝主要以灌溉功能为主；淮河南部山区的水库具有防洪、供水功能，且水质较好。

3.1.2 数据收集

淮河流域中上游人类活动剧烈，闸坝调控频繁，点源排污量较大，流域天然径流过程已遭受严重干扰，且中上游地区跨越河南和安徽两省，对区域经济社会和水资源可持续管理具有较大的影响。

1. 地理信息数据

流域 DEM 和数字水系图来源于中国科学院资源环境科学与数据中心。基于流域 DEM 和数字水系图，以每一个水质监测站作为出口划分子流域。流域 2000 年、2005 年、2010 年、2015 年土地利用类型空间分布图来源于中国科学院资源环境科学与数据中心。

2. 水文水质数据

收集淮河流域 18 个水质监测站点 1994—2005 年月监测数据（图 3-1），其中，沙颍河有 9 个监测站点：白龟山水库、尖岗、大陈、黄桥、漯河、贾鲁河、范台子、阜阳和颍上；涡河有 2 个监测站点：付桥和蒙城；洪汝河有 3 个监测站

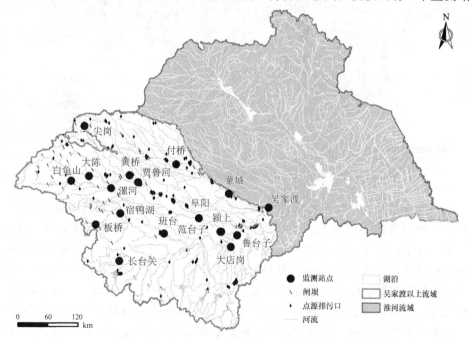

图 3-1　淮河流域月尺度水质监测站点、闸坝、点源排污口分布图

61

点：板桥、宿鸭湖水库和班台；潕河有 1 个监测站点：大店岗；淮河干流有 3 个监测站点：长台关、鲁台子和吴家渡。各监测站点均可同时监测流量和水质过程，监测的水质指标为 $NH_4 - N$ 浓度、COD_{Mn} 浓度和 DO 浓度。

收集淮河流域 22 个水质断面 2008—2018 年周监测数据（图 3-2），其中淮河水系有 18 个断面：包括淮滨水文站、王家坝、石头埠、蚌埠闸、小柳巷、淮河大桥、班台、蒋集水文站、七渡口、沈丘闸、徐庄、张大桥、付桥闸、黄口、颜集、小王桥、泗县公路桥、泗洪大屈；沂沭泗水系有 4 个断面：李集桥、台儿庄大桥、邳苍艾山西大桥、涝沟桥。监测的水质指标包括 pH 值、DO 浓度、COD_{Mn} 浓度和 $NH_4 - N$ 浓度。

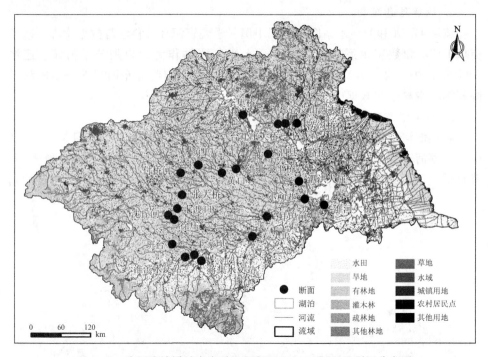

图 3-2　淮河流域周尺度水质监测断面和 2015 年土地利用分布图

为分析人类活动对流域水质指标的影响，收集了淮河流域内各点源排污口 2000—2009 年的年排污量、日水温监测数据，与水质指标等进行多元回归分析。其中，各站点的月流量序列来源于淮河水利委员会水文局，月水质监测数据、点源排污口监测数据和水温监测数据来源于淮河流域水资源保护局监测中心，周水质监测数据来源于中国环境监测总站。原始 COD_{Mn}、$NH_4 - N$ 和 DO 序列呈正偏态分布，当数据序列进行回归分析时，应保证序列呈正态分布，而且为了检测数据序列是否存在异常，均需将原监测数据进行 $\log_{10}(x+1)$ 变换，转换为正态分布序列。

3.2 淮河水质序列时间变化趋势分析

3.2.1 月水质指标变化

1. 年尺度检测

淮河流域 1994—2005 年 18 个水质监测站点的年变化趋势显示（图 3-3），9 个水质监测站点（黄桥、漯河、班台、阜阳、付桥、宿鸭湖、班台、鲁台子和吴家渡）的 COD_{Mn} 浓度呈显著的减少趋势，即这些站点的 COD_{Mn} 水质污染情况有所改善。这 9 个监测站点主要位于沙颍河中上游、涡河上游、洪汝河中上游和淮河干流。其中，6 个站点的下降趋势具有 95% 的置信度水平，即黄桥、阜阳、付桥、宿鸭湖、班台和鲁台子。

8 个水质站点（付桥、贾鲁河、班台、阜阳、颍上、范台子、蒙城和宿鸭湖）的 $NH_4 - N$ 序列有显著的变化趋势。其中，7 个站点的 $NH_4 - N$ 浓度呈显著减少趋势，即这些站点的 $NH_4 - N$ 污染情况有所改善。这 7 个站点主要位于沙颍河中下游、洪汝河和涡河下游。其中，阜阳、范台子、蒙城、宿鸭湖和班台站的 $NH_4 - N$ 浓度减少趋势具有 90% 的置信度水平。只有位于沙颍河中游的贾鲁河站的 $NH_4 - N$ 浓度呈显著增加趋势，且该趋势具有 95% 的置信度水平，说明该站处 $NH_4 - N$ 污染情况有所加剧。

7 个站点（付桥、板桥、宿鸭湖、班台、长台关、蒙城和吴家渡）的 DO 浓度有显著增加趋势，主要位于涡河、洪汝河和淮河干流。其中，付桥、宿鸭湖、班台、长台关和吴家渡等 5 个站点的 DO 增加趋势具有 90% 的置信度水平。

2. 月尺度检测

淮河流域 18 个水质监测站点 1994—2005 年 COD_{Mn}、$NH_4 - N$ 和 DO 浓度月尺度变化坡度如图 3-4 所示，部分站点 SMK 趋势检验统计值如图 3-5 所示。除了涡河和淠河，全流域污染物削减主要集中在非汛期期间，即 10 月至次年 5 月。此外，3 个水质指标中，$NH_4 - N$ 的削减趋势最为显著。

沙颍河水质情况在月尺度上有轻微的改善。沙颍河上游 3 个水质指标均无显著变化，而中下游 COD_{Mn} 和 $NH_4 - N$ 浓度均显著减少。沙颍河中游 COD_{Mn} 和 DO 的最大月变化坡度出现在贾鲁河站的 10 月，分别为 $-8.05mg/(L \cdot a)$ 和 $1.22mg/(L \cdot a)$。然而，黄桥站的 $NH_4 - N$ 浓度在 2 月、6 月和 12 月均显著增加，贾鲁河站的 $NH_4 - N$ 浓度在 6 月和 7 月显著增加，说明黄桥和贾鲁河站的 $NH_4 - N$ 污染情况在相应月份有加剧的趋势。下游 COD_{Mn} 和 $NH_4 - N$ 浓度的最

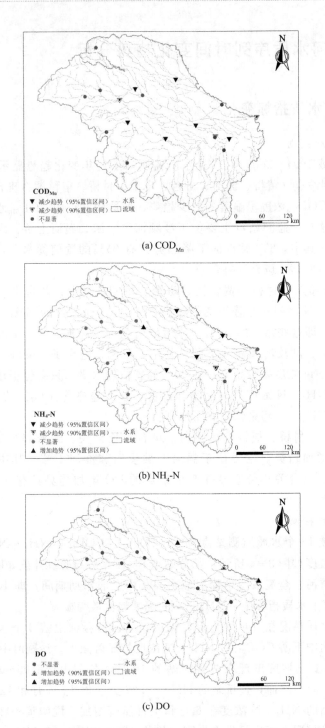

图 3-3　1994—2005 年 COD$_{Mn}$、NH$_4$-N 和 DO 浓度的年变化趋势结果

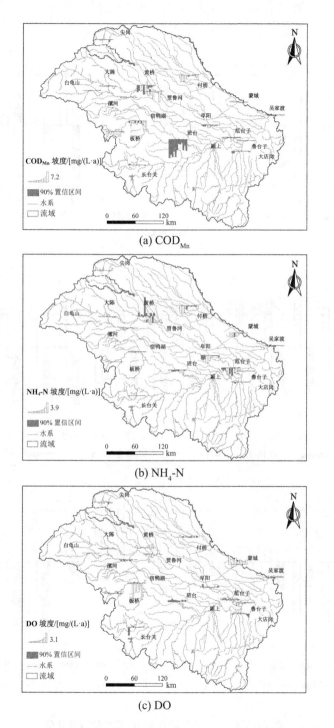

(a) COD$_{Mn}$

(b) NH$_4$-N

(c) DO

图 3-4 1994—2005 年 COD$_{Mn}$、NH$_4$-N 和 DO 浓度月尺度变化坡度

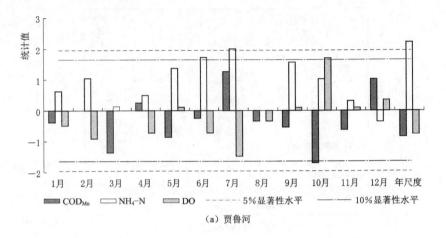

（a）贾鲁河

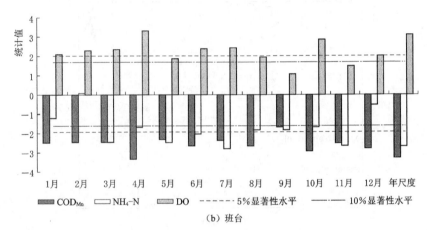

（b）班台

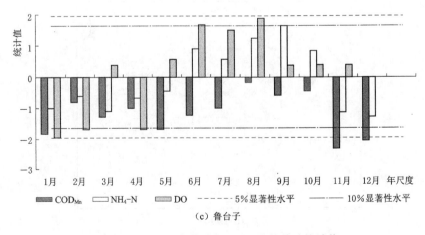

（c）鲁台子

图 3-5（一）　部分站点 SMK 趋势检验统计值

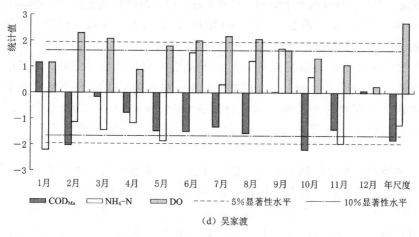

（d）吴家渡

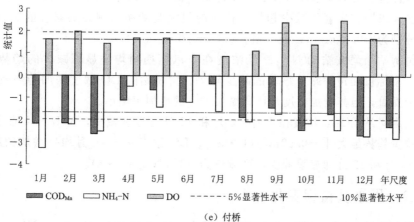

（e）付桥

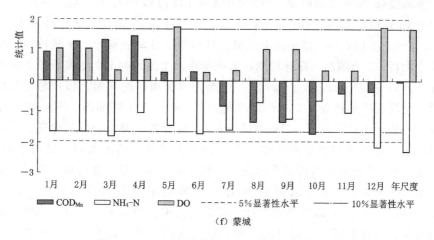

（f）蒙城

图 3-5（二） 部分站点 SMK 趋势检验统计值

大变化坡度分别出现在范台子站的 1 月和 6 月，相应的趋势坡度为 $-3.53\mathrm{mg}/(\mathrm{L}\cdot\mathrm{a})$ 和 $-3.84\mathrm{mg}/(\mathrm{L}\cdot\mathrm{a})$。范台子站的 DO 浓度在 12 月有显著减少的趋势，沙颍河其他站大部分月份 DO 浓度均呈略微增加的趋势。

洪汝河全年水质污染情况从上游到下游逐步有所改善。此外，COD_{Mn} 的削减率普遍大于 NH_4-N 和 DO 浓度的变化率。洪汝河 COD_{Mn} 和 NH_4-N 的最大削减率出现在班台的 1 月和 4 月，分别为 $-14.5\mathrm{mg}/(\mathrm{L}\cdot\mathrm{a})$ 和 $0.76\mathrm{mg}/(\mathrm{L}\cdot\mathrm{a})$。班台站的 DO 浓度从 $0.35\mathrm{mg}/(\mathrm{L}\cdot\mathrm{a})$（7 月）增加到 $0.75\mathrm{mg}/(\mathrm{L}\cdot\mathrm{a})$（3 月）。

与洪汝河水质变化趋势类似，淮河干流的水质情况从上游的长台关到下游的吴家渡，呈现出逐步改善的趋势。其中，DO 指标的改善情况最为显著。吴家渡的 DO 浓度全年有 7 个月均呈显著增加的趋势，平均增加率为 $0.34\mathrm{mg}/(\mathrm{L}\cdot\mathrm{a})$。但鲁台子的 DO 浓度在 1 月、2 月有所减少。淮河干流 COD_{Mn} 和 NH_4-N 浓度在非汛期有显著的减少趋势，相应的最大削减率出现在吴家渡的 1 月和 2 月，分别为 $-0.44\mathrm{mg}/(\mathrm{L}\cdot\mathrm{a})$ 和 $-0.30\mathrm{mg}/(\mathrm{L}\cdot\mathrm{a})$。

付桥站和蒙城站的 NH_4-N 浓度在非汛期期间均呈显著减少的趋势，而 COD_{Mn} 指标仅在付桥站呈显著的减少趋势。付桥站的 DO 浓度增加趋势较蒙城站更为显著，但其增加幅度却比蒙城站 DO 的增加率偏小。

大店岗站 COD_{Mn} 浓度在 1 月、2 月和 12 月均显著减少，NH_4-N 浓度在 3 月的减少趋势最大 $[-0.59\mathrm{mg}/(\mathrm{L}\cdot\mathrm{a})]$。DO 浓度从 3—9 月均呈增加的趋势，但在 11 月和 12 月却显著减少，削减率为 $-1.14\mathrm{mg}/(\mathrm{L}\cdot\mathrm{a})$。

3.2.2　周水质指标变化

淮河流域 22 个水质断面 2008—2018 年 pH 值和 DO、COD_{Mn}、NH_4-N 浓度的年趋势检测结果如图 3 - 6 所示。5 个断面的 pH 值呈显著减少趋势（$-0.03\sim-0.10\mathrm{a}^{-1}$），即阜南王家坝、蚌埠闸、驻马店班台、永城黄口、枣庄台儿庄大桥；2 个断面（即蚌埠闸、信阳蒋集水文站）的 DO 浓度呈显著减少趋势 $[-0.14\sim-0.12\mathrm{mg}/(\mathrm{L}\cdot\mathrm{a})]$，2 个断面（即周口沈丘闸、邳州邳苍艾山西大桥）呈显著增加趋势 $[0.35\sim0.62\mathrm{mg}/(\mathrm{L}\cdot\mathrm{a})]$；9 个断面的 COD_{Mn} 浓度呈显著减少趋势 $[-1.37\sim-0.17\mathrm{mg}/(\mathrm{L}\cdot\mathrm{a})]$，即界首七渡口、阜阳徐庄、周口鹿邑付桥闸、永城黄口、亳州颜集、宿州泗县公路桥、泗洪大屈、徐州李集桥、临沂涝沟桥，2 个断面（即驻马店班台、淮北小王桥）呈显著增加趋势 $[0.20\sim0.23\mathrm{mg}/(\mathrm{L}\cdot\mathrm{a})]$；12 个断面的 NH_4-N 浓度呈显著减少趋势 $[-0.61\sim-0.01\mathrm{mg}/(\mathrm{L}\cdot\mathrm{a})]$，即阜南王家坝、淮南石头埠、蚌埠闸、滁州小柳巷、盱眙淮河大桥、界首七渡口、周口沈丘闸、阜阳徐庄、阜阳张大桥、亳州颜集、泗洪大屈、徐州李集桥，驻马店班台呈显著增加趋势 $[0.04\mathrm{mg}/(\mathrm{L}\cdot\mathrm{a})]$。

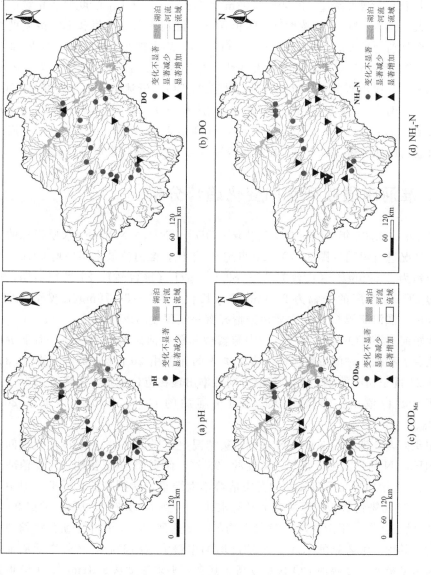

图 3 - 6 2008—2018 年 pH 值和 DO、COD_{Mn}、$NH_4 - N$ 浓度的年趋势检测结果

各断面显著性周尺度变化趋势主要集中在非汛期（10月至次年5月，即41周至次年22周），部分断面水质指标周尺度变化坡度如图3-7所示。淮河流域 pH 值基本在6～9之间，且呈减少趋势（水体酸化），其余3个水质指标整体呈轻微的改善趋势；淮河水系水质指标周尺度变化坡度 $[-2.81～1.33\text{mg}/(\text{L} \cdot \text{a})]$ 略大于沂沭泗水系 $[-0.59～1.03\text{mg}/(\text{L} \cdot \text{a})]$，$COD_{Mn}$ 浓度的变化坡度绝对值最大，NH_4-N、DO 浓度和 pH 值次之。淮河水系 pH 值和 DO 浓度的最大变化率分别为 -0.25a^{-1} 和 $-1.51\text{mg}/(\text{L} \cdot \text{a})$，均出现在永城黄口（39周和41周），$COD_{Mn}$ 和 NH_4-N 浓度的最大变化率分别为 $-2.81\text{mg}/(\text{L} \cdot \text{a})$ 和 $-2.43\text{mg}/(\text{L} \cdot \text{a})$，均出现在亳州颜集（12周和21周）；沂沭泗水系 pH 值和 DO、COD_{Mn}、NH_4-N 浓度的最大变化率分别为 -0.26a^{-1}、$1.03\text{mg}/(\text{L} \cdot \text{a})$、$-0.50\text{mg}/(\text{L} \cdot \text{a})$、$-0.31\text{mg}/(\text{L} \cdot \text{a})$，分别出现在枣庄台儿庄大桥（1周）、邳州邳苍艾山西大桥（10周）、临沂涝沟桥（21周）、徐州李集桥（28周）。

3.3　淮河水质序列空间变化趋势分析

以1994—2005年为例，对淮河流域 COD_{Mn}、NH_4-N 和 DO 水质指标的空间变化情况进行说明（图3-8）。20世纪90年代，淮河流域多年平均 COD_{Mn} 浓度的变幅为2.57mg/L（长台关站）～89.55mg/L（班台站）。21世纪初期，多年平均 COD_{Mn} 浓度的变幅为2.76mg/L（长台关站）～34.78mg/L（黄桥站）。可以看出，淮河流域 COD_{Mn} 水质污染情况有一定程度的改善。

沙颍河上游 COD_{Mn} 浓度较低，中游黄桥和贾鲁河站浓度非常高，而下游阜阳、范台子和颍上站的浓度较高。劣Ⅴ类水的比例由20世纪90年代的33.3%减少到21世纪初期的11.1%，其最大削减率出现在范台子站，达到了63%。而沙颍河上游白龟山、尖岗和中游的贾鲁河站的 COD_{Mn} 却分别增加了20%和14%。

相比而言，沙颍河 NH_4-N 指标污染情况更为严重，20世纪90年代期间沙颍河 NH_4-N 的最大浓度是最小浓度的193倍，而到21世纪初期，该比值减少到38倍。上游白龟山和尖岗站的污染情势不太严重，达到Ⅲ类水标准，但中下游 NH_4-N 污染情势极为严峻，劣Ⅴ类水比例达到了66.7%。从20世纪90年代到21世纪初期，下游 NH_4-N 的平均削减率达到65%，而中上游污染情势有所加重，其中，大陈站的 NH_4-N 浓度增加率最大（816%），水质指标从Ⅲ类水变为劣Ⅴ类水。沙颍河 DO 含量较高，其多年平均浓度从5.81mg/L（20世纪90年代）增加到6.26mg/L（21世纪初期）。从20世纪90年代到21世纪初期，沙颍河上游 DO 浓度基本保持不变，中下游呈增加趋势，平均增加率达到26.5%。贾鲁河站的 DO 浓度减少了41%，相应水质指标降为Ⅳ类水。

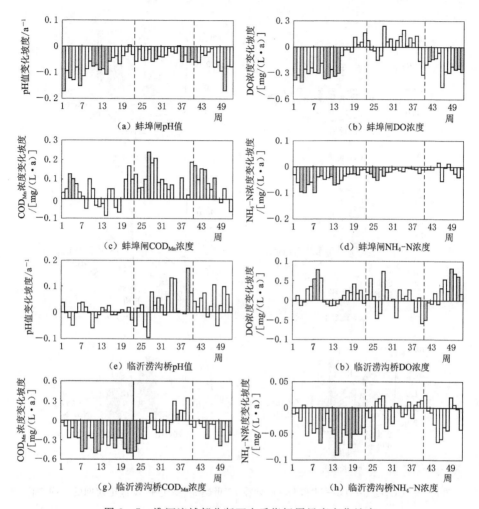

图 3-7　淮河流域部分断面水质指标周尺度变化坡度

　　洪汝河上游板桥 COD$_{Mn}$ 浓度较低，达到 Ⅱ 类水标准，而中游宿鸭湖和下游班台的 COD$_{Mn}$ 浓度较高，相应的水质指标为劣 Ⅴ 类水。从 20 世纪 90 年代到 21世纪初期，洪汝河上游、中游和下游的 COD$_{Mn}$ 削减率分别为 10%、59% 和80%。该河 NH$_4$-N 污染情况良好。上游达到了 Ⅱ 类水标准，而中下游河段在20 世纪 90 年代期间污染较为严重，仅为劣 Ⅴ 类水，到 21 世纪初期，中下游河段 NH$_4$-N 含量分别削减 50% 和 91%，达到了 Ⅲ 类水标准。从 20 世纪 90 年代到 21 世纪初期，洪汝河多年平均 DO 浓度呈显著增加趋势，由 4.83mg/L 增加到 6.47mg/L。洪汝河 DO 浓度在下游的班台增加率最大（81%）。

　　淮河干流的 COD$_{Mn}$ 污染情势从上游到下游逐步恶化，相应的水质指标为 Ⅱ类水（长台关）到 Ⅳ 类水（吴家渡）。从 20 世纪 90 年代到 21 世纪初期，淮河干

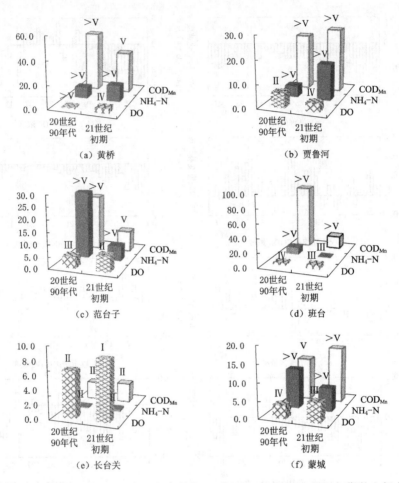

图 3-8　COD_{Mn}、NH_4-N 和 DO 序列在 20 世纪 90 年代和 21 世纪初期的空间变化

流总体的水质情况良好，其中，污染最为严重的中游河段（鲁台子）水质改善最为明显，污染物削减率达到 31%。淮河干流上游呈轻微污染态势，而下游并未检测出 COD_{Mn} 浓度的显著变化，水质维持在Ⅳ类水标准。与 COD_{Mn} 浓度空间分布类似，下游河段的 NH_4-N 污染最为严重。与 20 世纪 90 年代相比，中游、下游的 NH_4-N 浓度分别减少了 55% 和 28%，而上游 NH_4-N 浓度虽然增加了 98%，但仍维持在Ⅲ类水标准。干流 DO 浓度较高，从 20 世纪 90 年代到 21 世纪初期的多年平均 DO 浓度由 6.2mg/L 增加到 7.5mg/L。其中，吴家渡的 DO 浓度增加率最大，达到了 48%。

涡河 COD_{Mn} 含量较高，其相应的水质指标仅为劣Ⅴ类水标准。从 20 世纪 90 年代到 21 世纪初期，中上游付桥站 COD_{Mn} 削减率为 28%，下游蒙城站增加了 32%。从 20 世纪 90 年代到 21 世纪初期，涡河 NH_4-N 污染也较为严重，两站

NH_4-N 的削减率均为 50% 左右，但其相应的水质指标仍仅为劣 V 类水标准。涡河整体的 DO 浓度呈增加趋势，其增加率为 46%，相应的水质指标由 Ⅳ 类水提高到 Ⅲ 类水。

大店岗的 COD_{Mn} 情况良好，从 20 世纪 90 年代到 21 世纪初期，该站的水质指标均保持在 Ⅲ 类水标准，且水质有略微改善，COD_{Mn} 浓度从 20 世纪 90 年代到 21 世纪初期减少了 3%。该站多年平均的 NH_4-N 浓度减少了 72%，其相应的水质指标由劣 V 类水提高到 Ⅲ 类水。从 20 世纪 90 年代到 21 世纪初期，大店岗站的 DO 浓度无显著变化，均达到了 Ⅰ 类水标准。

3.4　淮河水质序列空间分布模式诊断

地理信息系统为探测自然现象中广泛存在的空间自相关性提供了极大的便利。采用全局和局部 Moran's I 指数两个指标综合检测流域水环境的变化趋势，及局部水环境是否受周边环境的影响，为流域水环境修复提供了一定的参考价值。

1. 1994—2005 年水质空间分布

将研究时段划分为 20 世纪 90 年代（1994—1999 年）和 21 世纪初期（2000—2005 年）两个时段，分析淮河流域水质浓度的空间变化情况，揭示淮河流域邻近站点间的水质浓度是否呈现相同的变化趋势。淮河流域 1994—2005 年水质指标空间全局自相关检测见表 3-1。

表 3-1　　　　淮河流域 1994—2005 年水质指标空间全局自相关检测

时　　段	COD_{Mn} 浓度		NH_4-N 浓度		DO 浓度	
	Moran's I	Z 值	Moran's I	Z 值	Moran's I	Z 值
1994—2005 年	0.15	1.50	0.23	1.95**	-0.16	-0.75
20 世纪 90 年代	0.06	0.99	0.31	2.80***	-0.20	-1.02
21 世纪初期	0.20	1.93*	0.13	1.39	-0.13	-0.59

注　Moran's I 值越大，相应的水质指标的空间自相关性越强。上标 *、** 和 *** 说明相应的水质指标的空间自相关性具有 0.10、0.05 和 0.025 的显著性水平。

在 1994—2005 年期间，COD_{Mn} 和 NH_4-N 序列的 Moran's I 均为正值，分别为 0.15 和 0.23，说明 COD_{Mn} 和 NH_4-N 序列在流域站点间分别呈现微弱和适度的空间正相关性。但是，DO 序列在全流域未呈现出空间自相关性，在空间上呈随机分布。淮河流域闸坝调控剧烈，天然河道被闸坝工程切割，河道地形变化，且众多排污口在河道两侧散乱分布。因此，水质管理、流域地质条件、土地利用以及气候特征等要素的空间异质性均可能会导致全流域水质序列存在空间异质性，即在全流域水质序列间存在微弱的空间自相关性。

从 20 世纪 90 年代到 21 世纪初期，COD_{Mn} 序列的空间自相关性有所增强，而且增强的空间自相关性在 21 世纪初期逐步变得显著，说明水质序列外部干扰的程度有所减弱，空间异质性减弱。对于 $NH_4 - N$ 和 DO 序列，邻近站点间的空间联系从 20 世纪 90 年代到 21 世纪初期有所减弱，说明流域水质问题趋于局部化。

水质序列局部空间自相关性主要检测水质序列的非稳态性问题或水质序列的空间聚集问题，并进一步评估单个站点对流域整体空间自相关性的影响。淮河流域水质指标局部空间自相关性分析的显著性水平如表 3 - 2 所示。

表 3 - 2　　　　　淮河流域水质指标局部空间自相关性分析的显著性水平

站点	COD_{Mn}浓度			$NH_4 - N$浓度			DO 浓度		
	1994—2005 年	20 世纪90 年代	21 世纪初期	1994—2005 年	20 世纪90 年代	21 世纪初期	1994—2005 年	20 世纪90 年代	21 世纪初期
白龟山	**0.00(LH)**	0.34	0.26	0.22	0.21	0.59	—	—	—
班台	0.70	0.99	0.88	0.89	0.69	0.88	0.70	0.61	0.88
板桥	0.98	0.37	0.17	**0.03(LL)**	0.08	0.15	0.98	0.87	0.95
长台关	0.79	0.70	0.46	0.16	0.26	0.27	0.79	0.82	0.53
大陈	0.10	0.54	0.58	0.27	0.14	0.81	0.10	0.15	0.14
范台子	0.95	0.98	0.89	0.22	**0.03(HH)**	0.88	0.95	0.92	0.96
付桥	0.74	0.43	**0.00(HH)**	0.07	0.85	**0.03(HH)**	0.74	0.68	0.91
阜阳	0.96	0.98	0.83	0.07	**0.00(HH)**	0.93	0.96	0.85	0.94
黄桥	0.94	0.86	**0.00(HH)**	0.37	0.90	**0.00(HH)**	0.94	0.15	0.39
贾鲁河	0.48	0.54	**0.01(HH)**	0.20	0.93	**0.00(HH)**	0.48	0.63	0.26
尖岗	0.18	0.58	0.58	0.50	0.45	0.89	0.18	0.08	0.30
鲁台子	0.42	0.62	0.55	0.39	0.23	0.89	0.42	0.65	0.58
漯河	0.30	0.93	0.31	0.84	0.36	0.54	0.30	0.48	0.32
蒙城	0.92	0.74	0.70	0.23	0.12	0.84	0.92	0.83	0.93
颍上	0.99	0.98	0.88	0.21	**0.03(HH)**	0.86	0.99	0.93	0.98
宿鸭湖	0.98	0.70	0.94	0.59	0.28	0.70	0.98	0.90	0.89
吴家渡	0.90	0.67	0.91	0.91	0.91	0.87	0.90	0.99	0.91
大店岗	0.33	0.69	0.55	0.44	0.35	0.89	0.33	0.54	0.56

　　注　粗体数字代表相应的水质站点在指定期间为某种聚类中心。LH、LL 和 HH 分别代表"低-高"（Low - High）、"低-低"（Low - Low）和"高-高"（High - High）的空间分布模式。

1994—2005 年期间，白龟山站的 COD_{Mn} 序列为流域 COD_{Mn} 序列的一个异常值，即白龟山站的 COD_{Mn} 序列比周围邻近站的 COD_{Mn} 值总体偏低。板桥站的 $NH_4 - N$ 序列与周围邻近站的 $NH_4 - N$ 序列保持一致，即均保持较低的浓度水平。流域各站的 COD_{Mn} 序列在 20 世纪 90 年代未呈现显著的空间自相关性。但在 21 世纪初期，在淮河流域诊断到 3 个高 COD_{Mn} 浓度的聚集中心，分别为付桥、黄桥和贾鲁河站，即这 3 个站的 COD_{Mn} 浓度与周围邻近站的 COD_{Mn} 浓度均保持在较高水平。范台子、阜阳和颍上站在 20 世纪 90 年代均为高 NH_4 - N 聚集中心，但是，到 21 世纪初期，这 3 个高 NH_4 - N 浓度聚集中心分别向上游移动到付桥、黄桥和贾鲁河站。所有站点的 DO 序列，在 3 个研究时段均未检测到显著的空间自相关性。

由于淮河流域西部山区森林覆盖率较高，且点源污染负荷排放量较低，在1994—2005 年期间，该地区形成了一个低 NH_4 - N 污染区域。随着淮河流域经济社会的迅猛发展，废污水管理措施尚不完善以及淮河流域剧烈的闸坝调控，沙颍河作为淮河流域最大的一条支流，其污染形势也日益严峻。非汛期高浓度的污染物在闸门前聚集，而在汛前随着蓄积的水体瞬时排放到下游，导致淮河流域突发性水污染事件频繁发生，例如 1994 年、1995 年和 2004 年震惊中外的淮河流域突发性水污染事件。因此，受人类活动影响较为显著的沙颍河较易于形成污染中心。特别地，从 20 世纪 90 年代到 21 世纪初期，淮河流域土地利用变化显著，随着城市化进程的发展，森林和农田均被开发为城镇，因此，污染中心也沿着沙颍河向上游移动。

2. 2008—2018 年水质空间分布

2008—2018 年期间，淮河流域 pH 值和 DO、COD_{Mn}、NH_4 - N 浓度的全局 Moran's I 分别为 0.38、0.45、0.34 和 0.29，均具有 0.05 的显著性水平。4 个指标在淮河流域各断面间均呈现显著的空间正相关性，即邻近断面间的水质指标总体呈现相同的变化趋势。2008—2018 年水质指标空间分布模式如图 3-9 所示。信阳淮滨水文站、阜南王家坝和驻马店班台为 3 个低 pH 值聚集中心（$p=0.00$、$p=0.02$ 和 $p=0.00$），主要分布在淮干上游和洪汝河下游。阜阳张大桥、周口鹿邑付桥闸和亳州颜集为 3 个低 DO 浓度聚集中心（$p=0.00$、$p=0.00$ 和 $p=0.01$），主要分布在沙颍河和涡河。阜阳张大桥和亳州颜集为两个高 COD_{Mn}（$p=0.01$ 和 $p=0.00$）和 NH_4 - N（$p=0.00$）浓度聚集中心，主要分布在沙颍河和涡河。

受近年来点源污染治理、水量水质联合调度等影响，全流域水质指标受外部干扰的程度有所减弱，空间异质性降低，尤其是 DO 浓度由随机分布（1994—2005 年）逐渐变为空间正相关模式，淮河流域水污染问题的局部性减弱，主要受区域人类活动和自然因素的影响。沙颍河和涡河是受人类活动影响（如点源排污、闸坝调控等）最为剧烈的两条支流，易于形成水污染聚集中心。淮干上游和洪汝河下游地区土地利用以水田为主，受氮磷肥等营养物流失影响，水体逐渐酸化，逐渐形成低 pH 值聚集中心。

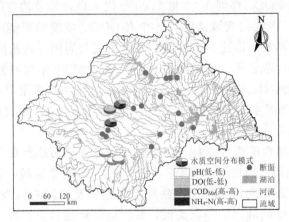

图 3 - 9　2008—2018 年水质指标空间分布模式

3.5　淮河水质时空变化与人类活动影响

在强烈的人类活动干扰下，淮河流域水环境状况不容乐观。淮河流域污染物主要来源于工业和城镇废水排放以及非点源污染，其中，工业和城镇废水排放入河的污染物占流域污染物的 70%，是目前淮河流域最主要的污染来源。此外，淮河流域闸坝过度建设，以及仅考虑防洪调度而尚未考虑水量水质联合调度的管理措施，均与流域水污染情势有显著的关系，但闸坝调控对水质的影响在全流域尺度上有所不同。

3.5.1　点源排污

淮河流域部分站点 1994—2009 年水质浓度及相应的点源排污负荷量如图 3 - 10 所示。在 21 世纪初期，随着点源排放量的显著减少，流域水质状况有所改善。由于点源污染负荷量实测资料有限，本研究仅选取有实测资料的 5 个站点进行分析，分别为付桥、蒙城、阜阳、颖上和鲁台子。由于淮河流域水质站点的水质序列均为偏态分布，且存在序列自相关性，该 5 个站点的实测水质序列需先经过对数转化和去噪化处理，然后与实测的点源污染负荷量、流量和水温进行回归分析。

首先，在三个自变量间进行回归诊断分析，诊断结果见表 3 - 3。由于评价指标 $Tol_{min} > 0.2$，$VIF_{max} < 5$，$CI_{max} < 20$，说明 5 个站点的点源污染负荷、流量和水温序列可认为是相互独立的，变量间的多重共线性问题并不严重，对回归方程的建立影响较小。

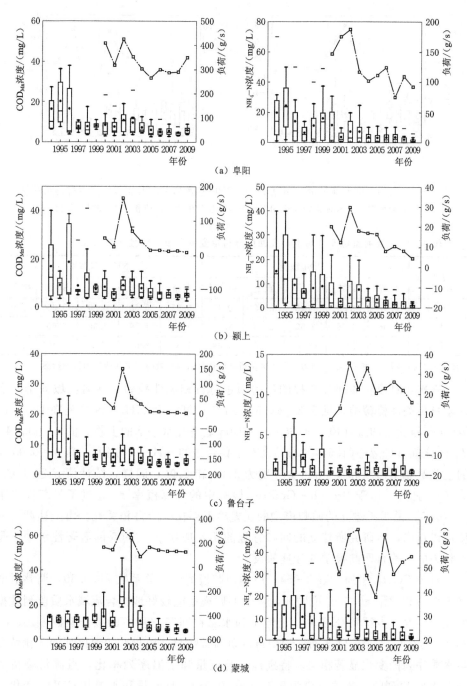

图 3-10（一）　淮河流域部分站点 1994—2009 年水质浓度及相应的点源排污负荷量

注：箱型图中显示的是 COD_{Mn} 和 NH_4-N 浓度的中值、均值和 10th、90th 分位值。

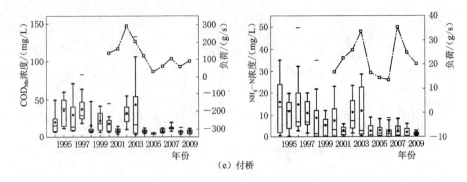

图 3-10（二）　淮河流域部分站点 1994—2009 年水质浓度及相应的点源排污负荷量

注：箱型图中显示的是 COD_{Mn} 和 NH_4-N 浓度的中值、均值和 10th、90th 分位值。

表 3-3　　淮河流域 5 个站点多元回归分析自变量多重共线性诊断结果

站点	COD_{Mn} 浓度					NH_4-N 浓度				
	付桥	蒙城	阜阳	颍上	鲁台子	付桥	蒙城	阜阳	颍上	鲁台子
Tol_{min}	0.92	0.39	0.28	0.46	0.41	0.92	0.63	0.30	0.38	1.00
VIF_{max}	1.06	2.58	3.52	2.16	2.42	1.09	1.59	3.36	2.60	1.00
CI_{max}	4.86	5.82	17.93	4.53	4.69	7.37	3.52	10.77	5.15	1.00

注　Tol_{min}，VIF_{max} 和 CI_{max} 分别为点源污染负荷、流量和水温变量间多重共线性的诊断指标。

其次，对建立的回归方程的误差项进行自相关性检验，淮河流域 5 个站点误差自相关性检验结果见表 3-4。5 个站点 COD_{Mn} 和 NH_4-N 序列在 Durbin-Watson 检验中的统计值 d 均位于 $p=0.05$ 显著性水平下的上临界值 $d_{u,0.05}$ 和 $4-d_{u,0.05}$ 之间，即 $d \in (1.64，2.36)$。对于鲁台子的 NH_4-N 序列，其 $p=0.05$ 下的上临界值 $d_{u,0.05}$ 和 $4-d_{u,0.05}$ 分别为 1.04 和 2.96，同样，统计值 $d \in (1.04，2.96)$。此外，由于 Bresuh-Godfrey 检验中的计算概率 p_1 超过了显著性水平 $p=0.05$，说明所建立的回归模型的误差项不存在一阶自相关性。由上述两个检验可以得出，本研究所建立的回归方程的误差项在 $p=0.05$ 的显著性水平下是不相关的，符合回归模型的经典假设。

对于 COD_{Mn} 序列（表 3-5），所建回归模型的相关系数 $r \geqslant 0.80$，调整后的确定性系数 $R_{adj}^2 > 0.50$，说明所建立的回归模型能较好地拟合流域水质监测数据的变化情况。点源负荷排放量、流量和水温在回归方程中的拟合系数 β_{Load}、β_Q 和 β_{T_w} 均在 90% 置信度区间，说明点源负荷排放量、流量和水温序列的变化情况与水质序列的变化显著相关。特别地，与流量和水温序列相比，点源污染负荷与 COD_{Mn} 序列的变化关系更为显著（$p<0.05$）。且流量和水温与 COD_{Mn} 变化之间的关系较为复杂。付桥站和蒙城站的流量和水温变化与 COD_{Mn} 浓度的变化呈负相关关系；但随着阜阳站、颍上站和鲁台子站的流量和水温的增加，COD_{Mn} 浓

表 3-4 **淮河流域 5 个站点误差自相关性检验结果**

站点	COD_{Mn}浓度					NH_4-N浓度				
	付桥	蒙城	阜阳	颍上	鲁台子	付桥	蒙城	阜阳	颍上	鲁台子
d	2.08	2.00	2.19	2.32	2.30	2.27	1.87	2.16	2.36	1.62
p_1	0.27	0.48	0.27	0.24	0.50	0.40	0.60	0.62	0.12	0.82

注 d 统计值为回归模型残差项在 Durbin-Watson 检验中的统计值。p_1 为回归模型残差项一阶自相关性在 Breusch-Godfrey 检验中的显著性水平。p_1 大于 0.05，说明所建立的回归模型的误差项在 0.05 的显著性水平下不存在一阶自相关性。

度呈增加趋势，水质趋于恶化，随着流量和水温的减少，COD_{Mn} 浓度呈减少趋势，水质污染状况有所改善。

表 3-5 **淮河流域 5 个水质监测站点 COD_{Mn} 序列回归分析结果**

站点	估 计 参 数				r	R_{adj}^2
	常数项	负荷	流量	水温		
付桥	**1.7692**	**0.0021**	*-0.0222*	**-0.0690**	**0.94**	0.71
蒙城	**1.0828**	**0.0019**	**-0.0042**	**-0.0526**	**0.99**	0.97
阜阳	**-0.8491**	**0.0014**	*0.0003*	**0.0308**	**0.97**	0.84
颍上	-0.6724	**0.0014**	**0.0009**	*0.0568*	**0.83**	0.52
鲁台子	**-0.7296**	**0.0006**	*0.0001*	**0.0527**	**0.93**	0.77

注 粗体或斜体统计值说明估计的回归系数分别通过了 95% 或 90% 置信区间的 F 检验，其他统计值说明估计的回归系数通过了 75% 置信区间的 F 检验。

如表 3-6 所示，与 COD_{Mn} 序列的研究分析结果类似，除阜阳站以外，其他站点所拟合的回归模型能较好地识别出各站点 NH_4-N 的变化情况（$r \geqslant 0.75$，$R_{adj}^2 \geqslant 0.48$）。对于付桥站、颍上站和鲁台子站，点源污染负荷排放量的变化对站点 NH_4-N 浓度变化的影响要比流量和水温的变化显著。但对于蒙城站而言，NH_4-N 浓度变化主要与水温变化相关。此外，阜阳站和颍上站的流量和水温与 NH_4-N 变化呈正相关关系。

表 3-6 **淮河流域 5 个水质监测站点 NH_4-N 序列回归分析结果**

站点	估 计 参 数				r	R_{adj}^2
	常数项	负荷	流量	水温		
付桥	**4.3715**	**0.0253**	*-0.0205*	**-0.2291**	**0.89**	0.66
蒙城	**2.9377**	—	-0.0026	**-0.1419**	*0.78*	0.48
阜阳	-1.7712	0.0016	0.0015	0.0798	0.48	-0.23
颍上	**-3.3690**	**0.0139**	**0.0019**	0.1648	**0.87**	0.62
鲁台子	-0.0426	**0.0082**	—	—	**0.76**	0.50

注 粗体或斜体统计值说明估计的回归系数分别通过了 95% 或 90% 置信区间的 F 检验，其他统计值说明估计的回归系数通过了 75% 置信区间的 F 检验。

3.5.2　土地利用

3.5.2.1　不同尺度土地利用影响分析

研究区的土地利用类型可大致分为五大类，即农田、城镇、森林、水域和未利用土地类型。以流域 DEM 和水系划分子流域，并以各水质站作为各子流域的出口。各子流域包括相应水质站上游的区域。为检测土地利用变化对淮河流域水质变化的影响，分别在子流域尺度、监测站点 100m 和 500m 圆形缓冲带尺度上探讨了 1994—2005 年尺度、20 世纪 90 年代（1994—1999 年）和 21 世纪初期（2000—2005 年）时间尺度上淮河流域水质的变化情况（图 3 - 11）。

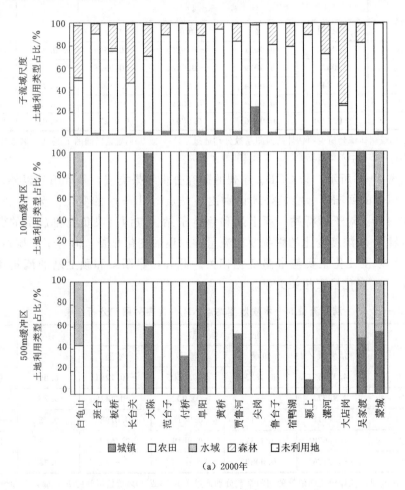

（a）2000 年

图 3 - 11（一）　子流域、100m 和 500m 缓冲区尺度主要的土地利用占比

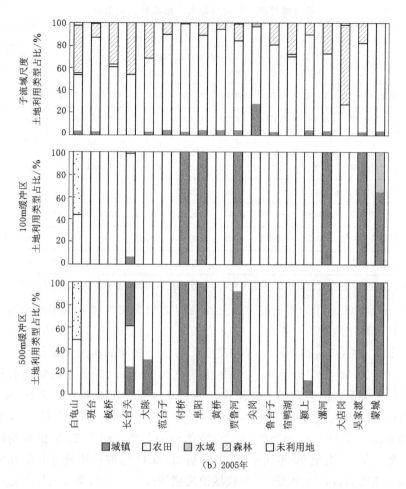

图 3-11（二）　子流域、100m 和 500m 缓冲区尺度主要的土地利用占比

如表 3-7 所示，20 世纪 90 年代和 21 世纪初期各子流域的农田面积比例和水质站的 COD_{Mn} 和 NH_4-N 序列均呈显著的正相关关系，对于 COD_{Mn} 序列，相关系数 $r>0.50$，显著性水平 $p<0.05$；对于 NH_4-N 序列，相关系数 $r\geqslant 0.60$，显著性水平 $p<0.01$。仅在 21 世纪初期，农田面积所占比例和 DO 序列的负相关关系才变得显著（$r\leqslant -0.60$，$p<0.05$）。城镇呈现出与上述类似的相关关系。子流域尺度上森林面积比例与 NH_4-N 序列在 20 世纪 90 年代呈现显著的负相关关系（$r<-0.50$，$p<0.05$），21 世纪初期，森林面积比例与 COD_{Mn} 和 NH_4-N 序列呈现显著的负相关关系（$r<-0.50$，$p<0.01$），与 DO 序列呈现显著的正相关关系（$r>0.50$，$p<0.01$）。水域与水质浓度的相关关系和森林类似，但其主要与 NH_4-N 序列和 DO 序列呈现显著的相关关系。

表 3-7　　　　　　　　　　子流域尺度土地利用与水质指标的相关系数

土地利用类型	时期	全年尺度			非汛期			汛期		
		COD_{Mn} 浓度	NH_4-N 浓度	DO 浓度	COD_{Mn} 浓度	NH_4-N 浓度	DO 浓度	COD_{Mn} 浓度	NH_4-N 浓度	DO 浓度
农田	20 世纪 90 年代	0.43	*0.72*	−0.60	**0.55**	*0.67*	−0.59	**0.51**	**0.60**	−0.51
	21 世纪初期	**0.59**	**0.63**	*−0.72*	**0.58**	**0.65**	*−0.72*	**0.59**	**0.62**	**−0.60**
城镇	20 世纪 90 年代	0.27	0.28	−0.31	0.52	0.24	−0.33	0.30	0.36	−0.25
	21 世纪初期	*0.61*	*0.80*	*−0.73*	**0.60**	**0.79**	*−0.70*	0.42	*0.64*	*−0.69*
森林	20 世纪 90 年代	−0.36	*−0.61*	0.44	−0.47	**−0.57**	0.43	−0.43	**−0.51**	0.36
	21 世纪初期	**−0.53**	**−0.56**	**0.61**	**−0.52**	**−0.58**	**0.61**	**−0.53**	**−0.55**	0.49
水域	20 世纪 90 年代	−0.30	*−0.60*	**0.36**	−0.50	**−0.57**	0.43	−0.37	**−0.57**	0.12
	21 世纪初期	−0.46	*−0.67*	0.37	−0.45	−0.67	0.37	−0.46	*−0.65*	0.32

注　粗斜体值代表相关性具有 0.01 的显著性水平；粗体代表相关性具有 0.05 的显著性水平。

　　100m 和 500m 缓冲带上的主要土地利用类型为农田和城镇用地，因此，选取农田和城镇用地进行分析（表 3-8 和表 3-9）。总体而言，20 世纪 90 年代和 21 世纪初期，COD_{Mn} 和 NH_4-N 浓度变化与农田之间的相关关系是不显著且微弱的（$|r|<0.50$，$p>0.05$），DO 浓度变化与 100m 缓冲带上的农田面积呈现微弱的相关关系，且该负相关性随耕地面积减少而逐渐减弱。20 世纪 90 年代，城镇用地与 COD_{Mn} 浓度变化（100m：$r\leqslant-0.75$，$p<0.05$）、NH_4-N 浓度变化（100m：$r\leqslant-0.24$，$p>0.05$）均呈负相关关系，但在 21 世纪初期转为正相关关系。从 20 世纪 90 年代至 21 世纪初期，DO 与城镇用地变化的相关性由正转负。相比而言，20 世纪 90 年代城镇发展缓慢，入河污染物的排放量可能少于农田和建筑用地的污染物排放量。因此，城镇发展初期，随着城镇面积扩张反而会在一定程度上减轻流域水污染程度。然而，21 世纪初期城镇发展水平逐渐提高，入河污染物负荷也大幅增加，城镇面积扩张将加剧水污染的恶化态势。此外，相比于农田而言，城镇面积与流域水污染的关系更为密切。总体而言，本研究区的回归分析结果显示，流域水质变化与子流域尺度的土地利用比 100m 和 500m 缓冲带尺度的土地利用关系更为密切。

3.5.2.2　不同类型水质时空变化影响分析

　　在 2008—2018 年期间，进一步分析土地利用对不同类型水质时空变化的影响。淮河流域 DO 浓度与 COD_{Mn}、NH_4-N 浓度间存在显著的负相关关系（$r\leqslant-0.50$），COD_{Mn} 浓度与 NH_4-N 浓度间存在显著的正相关关系（$r=0.82$），显著性水平 p 均小于 0.05，见表 3-10。

表 3-8　　　100m 缓冲带尺度土地利用变化与水质指标的相关系数

土地利用类型	时　期	全年尺度			非汛期			汛期		
		COD_{Mn} 浓度	NH_4-N 浓度	DO 浓度	COD_{Mn} 浓度	NH_4-N 浓度	DO 浓度	COD_{Mn} 浓度	NH_4-N 浓度	DO 浓度
农田	20 世纪 90 年代	0.26	0.33	−0.53	0.22	0.26	−0.52	0.33	0.27	−0.48
	21 世纪初期	0.23	0.20	−0.36	0.26	0.25	−0.39	0.31	0.27	−0.30
城镇	20 世纪 90 年代	**−0.82**	−0.46	0.37	**−0.81**	−0.51	0.42	**−0.75**	−0.24	0.21
	21 世纪初期	0.50	0.45	−0.68	0.50	0.48	−0.67	0.50	0.29	−0.61

注　粗体代表相关性具有 0.05 的显著性水平。

表 3-9　　　500m 缓冲带尺度土地利用变化与水质指标的相关系数

土地利用类型	时　期	全年尺度			非汛期			汛期		
		COD_{Mn} 浓度	NH_4-N 浓度	DO 浓度	COD_{Mn} 浓度	NH_4-N 浓度	DO 浓度	COD_{Mn} 浓度	NH_4-N 浓度	DO 浓度
农田	20 世纪 90 年代	0.25	−0.05	−0.32	0.12	−0.19	−0.24	0.29	0.09	−0.39
	21 世纪初期	0.39	0.36	−0.57	0.40	0.26	−0.59	0.51	0.25	−0.48
城镇	20 世纪 90 年代	−0.28	0.03	0.28	−0.28	0.01	0.29	−0.21	−0.11	0.26
	21 世纪初期	0.49	0.48	−0.37	0.50	0.52	−0.37	0.43	0.32	−0.28

表 3-10　　　　　　水 质 指 标 相 关 系 数

水质指标	pH 值	DO 浓度	COD_{Mn} 浓度	NH_4-N 浓度
pH 值	1.00	0.03	0.35	0.18
DO 浓度	0.03	1.00	−0.53*	−0.75*
COD_{Mn} 浓度	0.35	−0.53	1.00	0.82*
NH_4-N 浓度	0.18	−0.75	0.82	1.00

注　*表示相关系数的显著性水平 $p<0.05$。

通过主成分分析，将 4 类水质指标降维为 2 个独立的主成分，累积方差贡献率为 88.22%，且特征值大于 1。第一主成分可解释 61.76% 的水质指标变化，在 NH_4-N、COD_{Mn} 和 DO 浓度上有较大载荷，载荷值分别为 0.954、0.901 和 −0.807；第二主成分可解释 26.46% 的水质指标变化，在 pH 值上有较大载荷，载荷值为 0.919。采用动态 k 均值聚类法对 22 个断面的主成分因子进行聚类（表 3-11），分为 3 类时平均轮廓系数最大（$s_a=0.56$），且各组员的平均轮廓系数均不小于 0.49，聚类组内凝聚度强、聚类组间分离度高。因此，本研究确定的水质类型为 3 种，淮河流域以水质类型 1 和类型 3 为主，断面数量占比均为 45.45%。

表 3 - 11　　　　　　　　　　　　　水质指标聚类评估指标

组员	k=2		k=3		k=4		k=5		k=6	
	n	s	n	s	n	s	n	s	n	s
1	5	0.6	10	0.6	10	-0.06	10	-0.36	6	-0.32
2	17	-0.05	2	0.72	2	0.31	1	1	1	1
3			10	0.49	4	0.25	4	-0.07	4	0.12
4					6	0.22	6	-0.21	6	-0.08
5							1	1	1	1
6									4	-0.24
全部	22	0.1	22	0.56	22	0.11	22	-0.14	22	-0.04

注　k 为聚类组数；n 和 s 分别为站点数和轮廓系数。

不同水质类型的空间分布如图 3 - 12 所示。类型 1 的 pH 值和 DO、COD_{Mn}、$NH_4 - N$ 浓度平均值分别为 7.69、7.60mg/L、4.43mg/L 和 0.70mg/L，主要特征为弱碱性（pH 值略大于 7）、COD_{Mn} 和 $NH_4 - N$ 浓度均偏低、DO 浓度介于第 2 和第 3 类型之间；类型 2 的各水质指标平均值分别为 8.07、4.84mg/L、10.63mg/L 和 5.00mg/L，主要特征为偏碱性（相比类型 1 的 pH 值平均偏高 4.97%）、DO 浓度偏低、COD_{Mn} 和 $NH_4 - N$ 浓度偏高；类型 3 的各水质指标平均值分别为 8.10、8.49mg/L、5.77mg/L 和 0.58mg/L，主要特征为偏碱性（相比类型 1pH 值平均偏高 5.33%）、DO 浓度偏高、COD_{Mn} 和 $NH_4 - N$ 浓度均偏低。各水质类型的浓度分布存在显著差异，可较好地反映不同水质类型的变化特征。

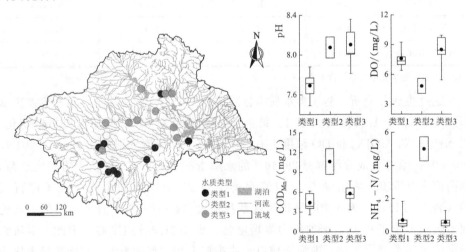

图 3 - 12　不同水质类型的空间分布

类型 1 各断面的 DO 浓度以 Ⅰ 类、Ⅱ 类水为主，占比均为 50%，COD_{Mn} 和 NH_4-N 浓度以 Ⅱ 类、Ⅲ 类水为主（30%~50%），主要分布在淮河上游和淮河干流；类型 2 各断面的 DO 浓度以 Ⅲ 类、Ⅳ 类水为主（均 50%），COD_{Mn} 浓度以 Ⅳ 类、Ⅴ 类水为主（均 50%），NH_4-N 浓度均为劣 Ⅴ 类水，主要分布在沙颍河；类型 3 各断面的 DO 浓度以 Ⅰ 类水为主（80%），COD_{Mn} 浓度以 Ⅲ 类、Ⅳ 类水为主（40%~50%），NH_4-N 浓度以 Ⅱ 类、Ⅲ 类水为主（40%~50%），主要分布在淮河中游和沂沭泗水系。

由于水质类型 2 仅有 2 个水质断面，未进行土地利用影响分析。2010 年和 2015 年主要的土地利用类型均为旱地（55.85% 和 55.24%）、水田（17.89% 和 17.58%）和农村居民点（8.66% 和 8.72%）。对于类型 1 各断面水质指标（表 3-12），pH 值与 2013—2018 年缓冲区内水田存在显著的正相关关系（$r \geq 0.65$，$p < 0.05$），与旱地存在显著的负相关关系（$r < -0.64$，$p < 0.05$）；DO 浓度仅与 2008—2012 年 10km 缓冲区内其他林地存在显著的正相关关系（$r = 0.72$，$p < 0.05$）；COD_{Mn} 浓度仅与 5~10km 缓冲区内旱地存在显著的正相关关系（$r > 0.65$，$p < 0.05$）；NH_4-N 浓度与 2013—2018 年 5~10km 缓冲区的旱地存在显著的正相关关系（$r > 0.65$，$p < 0.05$）。

表 3-12　　　　类型 1 水质指标与土地利用类型 Pearson 相关系数

指标	土地利用类型	时期	不同缓冲区 Pearson 相关系数				
			0.5km	1km	2km	5km	10km
pH 值	水田	2008—2012 年	0.11	0.13	0.07	-0.07	-0.13
		2013—2018 年	0.80*	0.81*	0.71*	0.69*	0.66*
	旱地	2008—2012 年	-0.24	-0.24	-0.19	0.06	0.05
		2013—2018 年	-0.49	-0.69*	-0.73*	-0.58	-0.64*
DO 浓度	其他林地	2008—2012 年	0.00	0.00	0.10	0.23	0.72*
		2013—2018 年	0.00	0.00	-0.17	0.02	0.59
COD_{Mn} 浓度	旱地	2008—2012 年	-0.19	0.11	0.33	0.67*	0.73*
		2013—2018 年	0.03	0.37	0.51	0.74*	0.78*
NH_4-N 浓度	旱地	2008—2012 年	-0.39	-0.09	0.21	0.61	0.61
		2013—2018 年	-0.29	0.03	0.27	0.69*	0.75*

注　"*"表示相关系数具有 0.05 的显著性水平。

对于类型 3 各断面水质指标（表 3-13），DO 浓度与各时期城镇用地存在显著的负相关关系（$r < -0.80$，$p < 0.05$）；COD_{Mn} 浓度仅与 2013—2018 年其他林地存在显著的负相关关系（$r < -0.75$，$p < 0.05$）；除 10km 缓冲区外，NH_4-N 浓度与各时期城镇用地存在显著的正相关关系（$r \geq 0.79$，$p < 0.05$）；pH 值与

各时期土地利用均无显著相关性。

表 3-13　　　　　类型 3 水质指标与土地利用类型 Pearson 相关系数

指标	土地利用类型	时 期	不同缓冲区 Pearson 相关系数				
			0.5km	1km	2km	5km	10km
DO 浓度	城镇用地	2008—2012 年	−0.83*	−0.85*	−0.86*	−0.87*	−0.81*
		2013—2018 年	−0.81*	−0.83*	−0.83*	−0.84*	−0.63
COD_{Mn} 浓度	其他林地	2008—2012 年	0.05	0.05	0.05	0.05	0.07
		2013—2018 年	−0.82*	−0.82*	−0.82*	−0.82*	−0.77*
NH_4-N 浓度	城镇用地	2008—2012 年	0.83*	0.82*	0.80*	0.79*	0.49
		2013—2018 年	0.92*	0.91*	0.89*	0.90*	0.57

注　上标"*"表示相关系数具有 0.05 的显著性水平。

类型 1 和类型 3 的水质指标与不同时空尺度土地利用类型关系密切。类型 1 水质状况主要受农田影响，尤其是旱地施肥造成的农业面源污染流失已成为淮河上游和淮河干流地区的主要污染源之一。此外，水田和旱地对水体酸碱度的影响与其施肥品种有关，氮肥等酸性肥料中的游离酸可造成土壤和水体酸化，而有机肥可增加土壤有机质和养分，缓冲酸化。类型 3 水质状况主要受城镇用地影响，随着城镇发展水平逐渐提高，入河污染物负荷也大幅增加，加剧了水污染的恶化态势，已成为淮河中游和沂沭泗水系地区 DO 和 NH_4-N 污染的主要来源之一。

3.6　结果与分析

3.6.1　水质序列时空变化

淮河流域水质状况整体有所改善，且水质改善主要集中在非汛期期间。淮河流域水环境改善与政府的大力支持密不可分。自 1994 年起，政府便大力投资进行流域水环境修复，采取的水质管理方法主要包括污染限排、修建污水处理厂和水污染联防调度等措施。点源污染控制是淮河流域水质管理最为有效的措施，直接导致流域污染源数量大幅减少，流域水环境质量显著改善，例如"淮河零点行动"和污水处理厂的修建。自 1993 年到 2005 年，随着污水处理厂的大范围修建以及城市排水管道的完善，淮河流域城市生活污水所贡献的 COD 负荷量减少了 44.57%。此外，流域闸坝的科学调控在一定程度上预防了流域突发性水污染灾害的发生，并减轻了事故带来的灾难性的危害。除了上述水质管理措施的影响以外，由于河流具有自净功能，因此汛期水质改善最为明显，流量增加会稀释河流中的污染物浓度。当局部流域非点源污染对水质恶化的贡献大于点源污染，非汛期水质污染主要受点源污染负荷排放量的影响，通过控制点源污染排放，非汛期水质会得到显著改善。流域闸坝众多、调控剧烈，严重改变了流域污染物的时空分布。非汛期闸门关闭，为居民生活和工农业提供水源，汛期闸门开启泄洪，保障防洪安全。

3.6.2　水质空间结构分析

淮河流域所呈现的空间模式可能主要受污染物排放量削减、污水处理设施不完善、闸坝调控以及水质监测站地理位置等影响。点源污染排放分布较为散乱，随着流域点源污染排放量的减少，水污染的局部性有所削弱。从 1994—2005 年，河南省 COD_{Mn} 和 NH_4-N 点源污染负荷排放量分别削减了 29.8 万 t 和 4.6 万 t，安徽省分别削减了 14.6 万 t 和 2.6 万 t。其中，仅安徽省的 NH_4-N 点源污染负荷达标排放。NH_4-N 浓度的空间分布模式进一步受水质监测站的空间地理位置的影响。由于流域污水处理配套设施不完善，部分河流已成为城市的污水沟，尤以贾鲁河较为严重。贾鲁河上游为河南省郑州市，该市年污水排放量超过 1 亿 t。此外，仅考虑防洪调度的闸坝调控有加剧流域水污染的态势，并导致流域突发性水污染事故的发生。流域筑坝破坏了天然河流的连续性，非汛期关闸期间，河流被分割为许多不连续的静止的水体，各种污染物倾注到切割的水体中，水质状况便不断恶化。研究期间在流域尺度上尚未有效地开展水量水质联合调度，即充分考虑流域防洪和防污的综合需求，进行闸坝的科学调度。因此，非汛期蓄积的高浓度的污染水体，在汛期开闸时，便随着下泄的水体进入下游河道，导致下游水环境急剧恶化。此外，全流域尺度上 DO 浓度分布较为随机，未呈现出空间自相关性，这可能进一步受到流域地形、水温等空间异质性的影响。然而，近年来随着点源污染治理、水量水质联合调度等影响，淮河流域水质指标受外部干扰的程度有所减弱，空间异质性降低，尤其是 DO 浓度由随机分布逐渐变为空间正相关模式，水污染问题的局部性减弱，主要受区域人类活动和自然因素的影响。

3.6.3　人类活动影响分析

点源污染是关系淮河流域水质改善的关键影响因子，这也与已有的研究结果保持一致（张永勇 等，2011）。由于水文机制是流域污染物输移和分布的最基本和最关键的因子，因此，流量和水温的变化与流域 COD_{Mn} 和 NH_4-N 浓度的变化也有一定的相关关系。高度调控的淮河流域具有不同的流量特点，因此，水文机制和水质变化间的内在相关性也将呈现出不同的特点。涡河具有低量级、变化的和高度间歇的流量，其流量增加和水温升高，会增强涡河的自净能力，减轻水污染情势。沙颍河具有低量级、变化的和持续的流量。尽管河流具有自净能力，然而沙颍河上游高度污染的入流和区间非点源污染汇集，将导致沙颍河水质持续恶化。对于淮河干流下游的鲁台子而言，水文因子对 COD_{Mn} 和 $NH_4 - N$ 浓度变化的影响不同。淮河干流具有高量级、稳定的、持续的、但不可预测的流量，其最主要、最大的支流沙颍河在鲁台子站上游汇入淮河干流，淮河干流的水量与沙颍河的水量汇集后，对鲁台子的水质变化可能具有不同的影响。

　　土地利用/覆盖变化可能是导致淮河流域水质恶化的一个潜在的因子，但其影响正日益增加。随着社会经济的发展，不同的土地利用/覆盖对水质变化的影响显著不同。随着城市化进程的加剧，非点源污染日益严峻，且其污染源也逐渐变得复杂，传统的以农业化肥为主的污染源正逐步转变为潜在的各种污染源，例如建筑工地的施工材料、城市绿化施肥、零散的道路垃圾等。特别需要指出的是，城市化进程也可能是影响淮河流域水质变化的一个潜在的因子，不同的城市发展阶段，不同的土地利用/覆盖对流域水质状况的影响不一。在缓冲带尺度上，在城镇化进程的早期阶段，尚不发达的城镇对流域水污染恶化是一个制约因子，在相同的缓冲带面积上，尚不发达的城镇与农田等土地利用形式相比，其面积增加将导致农田等面积减少，总的污水排放量会减少。但随着人口的增加和污水处理配套设施逐渐变得不完善，较为发达的城镇的污水排放量显著增加，因此，该时期城镇面积的增加对流域水污染恶化是一个促进因子。此外，随着退耕还林、退耕还草等项目的推广与实施，植树造林对水质改善的影响也逐渐增加。因此，土地利用/覆盖与流域水质变化之间的相关关系必须根据流域的实际情况进行分析。

3.6.4　其他影响因子分析

　　尽管点源污染、土地利用/覆盖和常规的闸坝调度能在一定程度上反映流域水环境的演变情况，但淮河流域水环境的时空变化可能还受其他潜在因子的影响，例如地形、地质和气候等因子。下垫面地形地貌和水文地质的复杂多样性使得天然的水文循环过程非常复杂，进一步又影响到流域污染物质的渗漏、分离与富集等过程。淮河流域中游 DO 浓度偏低，COD_{Mn} 和 $NH_4 - N$ 浓度偏高，除了与点源污染较为严重有关外，可能还与该地区较为平坦的地形有关。陡坡更有利于促进富氧以及河流冲刷污染物。此外，流域众多的闸坝工程也增加了水文和水环境因子时空分布的不确定性，导致高流量期间易于发生突发性水污染事故，而低流量期间易于发生水体富营养化。气候变化对流域水质变化也有一定的影响，在非汛期 COD_{Mn} 和 $NH_4 - N$ 的浓度随着水温的增加而增加。Xia 等（2010）指出，蚌埠站降水和气温变化对水质变化的贡献率分别为 3.5% 和 1.5%，漯河站降水和气温变化的贡献率分别为 3.3% 和 10.5%。此外，淮河流域极端水文事件频繁发生，也将在一定程度上加剧流域非点源污染情势。因此，进行流域水环境改善时，必须采取综合水质管理措施，例如，流域管理和行政区域管理相结合、污染限排和科学的闸坝调控等手段。

3.7 本章小结

从20世纪90年代起，淮河流域便成为我国水污染防治的关键流域，淮河流域水质的时空变化对我国水质管理的实施和发展具有极为重要的意义。流域水质趋势检测和水质恶化主要影响因子识别将进一步为水污染防治提供参考和研究基础。本章的主要研究内容小结如下：

（1）流域水环境整体状况有所改善。1994—2005年，18个水质监测站中有一半水质站的 COD_{Mn} 和 NH_4-N 浓度显著减少，仅贾鲁河站的 NH_4-N 浓度呈显著增加趋势，7个水质监测站的 DO 浓度显著增加；2008—2018年期间，水质变化主要集中在非汛期（41周至次年22周），分别有32%、14%、41%和64%的断面 pH 值显著减少、DO 浓度显著增加、COD_{Mn} 和 NH_4-N 浓度显著减少，淮河水系指标变化坡度大于沂沭泗水系。

（2）自20世纪90年代（1994—1999年）至21世纪初期（2000—2005年），淮河流域水质监测站 COD_{Mn} 浓度的空间相关性有所增强。20世纪90年代，NH_4-N 浓度的高污染聚集中心主要为范台子、阜阳和颍上站，并在21世纪初期沿着沙颍河向中游上移，并与21世纪初期 COD_{Mn} 的高污染聚集中心重合，主要集中在付桥、黄桥和贾鲁河站。DO 浓度在不同研究时段内均未检测到显著的空间自相关性；2008—2018年期间，淮河水质指标均呈现显著的空间正相关性，3个低 pH 值聚集中心（淮滨水文站、王家坝和班台）主要分布在淮河干流上游和洪汝河下游，3个低 DO 聚集中心（张大桥、鹿邑付桥闸和颜集）和两个高 COD_{Mn} 和 NH_4-N 浓度聚集中心（张大桥和颜集）主要分布在沙颍河和涡河。淮河流域各水质要素在空间所呈现的复杂分布模式可能与流域污染减排、污水处理设施不完善、闸坝调控和水质站的地理位置等因素有关。

（3）高强度的人类活动与淮河流域水环境恶化紧密联系。特别地，在21世纪初期，点源排污与涡河的付桥和蒙城站、沙颍河的阜阳和颍上站以及淮河干流的鲁台子站的水质恶化情况呈正相关关系。淮河流域受闸坝调控剧烈，流量、水温和水质变化间的相关关系具有较大的变异性。此外，与水质站100m和500m的缓冲带尺度相比，子流域尺度上的土地利用/覆盖变化能更好地解释水质的变化。子流域尺度上，农田和城镇变化与水质恶化显著相关，而20世纪90年代到21世纪初期，随着森林和水域面积的增加，流域水污染有减轻的趋势。尤其需要指出的是，城镇化过程可能是影响水质变化的一个潜在的因子。

（4）淮河流域共划分 3 种典型水质类型，类型 1 为弱碱性、低 COD_{Mn} 和 NH_4-N 浓度断面，分布在淮河上游和淮河干流，主要与 2013—2018 年的水田和旱地等显著相关，其中水田对 pH 值影响较大，旱地对其余指标影响较大；类型 2 为偏碱性、低 DO 浓度、高 COD_{Mn} 和 NH_4-N 浓度断面，分布在沙颍河；类型 3 为偏碱性、高 DO 浓度、低 COD_{Mn} 和 NH_4-N 浓度断面，分布在淮河中游和沂沭泗水系，DO 和 NH_4-N 浓度与各时期各缓冲区半径城镇用地均显著相关，COD_{Mn} 浓度与 2013—2018 年其他林地显著相关。

（5）一般而言，淮河流域水污染主要受点源排污、闸坝调控下的流量过程、气候变化影响下的水温变化和土地利用/覆盖变化等因素影响。综合考虑水量水质联合调度的闸坝调控能减轻高度调控河流的水污染灾害。为确保流域水安全和可持续发展，应加强淮河流域水质管理，包括流域污染减排、污水处理设施建设、工业结构调整、非点源污染预防、闸坝科学调控和岸边带管理等措施。

第4章
调控河网水文-水动力-水质耦合模拟

高度调控、污染河网的水文情势及污染物迁移转化规律等均显著不同于自然河网，存在着复杂的非线性特质。此外，流域坡面水及污染物的迁移转化过程是河网水流及污染物运动的动态边界，均直接影响河网水量水质数值模型的精度。如何准确刻画流域坡面水和污染物对降水的非线性响应，以及探索闸坝调控、点源排污等对河网水文和水质情势的影响，涉及水文学、水力学、水利工程学和水环境学等交叉学科。本章采用构建的水文-水动力-水质耦合模型，以高度调控的淮河流域为研究区，模拟了变化环境下人工调控河网的水文水质过程，为揭示人类活动对流域环境水文过程的影响提供一定的参考价值。

4.1　数据收集

为了评价所建立的耦合数值模型模拟效果的优劣，需要大量流域基础数据的支撑（表4-1），包括水文气象站点分布及其监测数据、水质测站分布及其监测数据、点源污染排放数据以及闸坝资料等。

4.1.1　水文气象数据

研究区内共设有172个雨量站，空间分布较为均匀（图4-1和表4-1）。受高度调控流域资料限制，选取不同水平年的水情和水质过程进行模拟和影响评价，包括丰水年（2007年）、平水年（2008年、2010年）和枯水年（2004年），相应的距平值分别为28%、-8%、6%和-30%（GB/T 22482—2008）。共选取了10个流量监测站，包括位于沙颍河的周口站、槐店站、界首站、阜阳站和颍上站；位于淮河干流的王家坝站、润河集站、鲁台子站和蚌埠站；位于涡河的蒙城站。共选取了15个水位监测站，包括位于沙颍河的周口站、槐店站、界首站、阜阳站和颍上站；位于淮河干流的王家坝站、润河集站、临淮岗站、正阳关站、鲁台子站、凤台站、淮南站和蚌埠站；位于涡河的蒙城站；位于史河的陈村站。

表 4 - 1　　　　　　　　　　　研究区水量水质监测站基本信息

类型	尺度	描　述	来源	标　准
气象	172 个站点	日降雨过程	淮河水利委员会	《降水量观测规范》（SL 21—2006）
水文	水位：15 个站点 流量：10 个站点	非汛期（10 月至次年 5 月）：日水位和流量过程； 汛期（6—9 月）：时水位和流量过程	淮河水利委员会	《河流流量测验规范》（GB 50179—93）； 《水位观测标准》（GB/T 50138—2010）
水质	11 个站点	COD_{Mn} 和 $NH_4 - N$ 浓度	淮河流域水资源保护局	《水质　高锰酸盐指数的测定》（GB 11892—89）； 《固定污染源监测质量保证与质量控制技术规范》（HJ/T 373—2007）
排污	10 个站点	工业和城市年排污数据	淮河流域水资源保护局	《水质　高锰酸盐指数的测定》（GB 11892—89）； 《固定污染源监测质量保证与质量控制技术规范》（HJ/T 373—2007）
河道地形	10 个站点	河道大断面资料	淮河水利委员会	《水道观测规范》（SL 257—2000）

4.1.2　水质数据

选取 11 个水质监测站进行分析，包括周口站、槐店站、界首站、阜阳站、颍上站、王家坝站、鲁台子站、凤台站、淮南站、蚌埠站和蒙城站。由于周口站、槐店站、界首站、阜阳站、颍上站、王家坝站、鲁台子站、蒙城站和蚌埠站同时具有水情和水质监测数据，由监测断面的瞬时流量值和相应的水质浓度之积，得到各断面的瞬时污染负荷值，作为评价模型水情和水质综合模拟结果优劣的比照。研究区内点源污染极为严重，收集了工业和城市年排污数据，作为外部污染源输入模型，进行河道水质演算。

4.1.3　闸坝数据

研究区内共有 6 座大型水闸（表 4 - 2）。其中，临淮岗闸和蚌埠闸均位于淮河干流中游，且都属于大（1）型水利枢纽工程。临淮岗闸洪水控制工程有效地提高了淮河中上游的防洪能力；蚌埠闸还是重要的供水水源地。

沙颍河槐店闸的浅孔闸和深孔闸分别建成于 1967 年和 1972 年；阜阳闸建成于 1958 年；颍上闸建成于 1981 年。三者均属于大（2）型枢纽工程。蒙城闸位于涡河下游，节制闸建成于 1960 年，主要满足农业灌溉用水需求，并兼顾汛期分洪，为大（2）型开敞式闸坝工程。

表 4 - 2   研究区主要闸坝信息表

河流	闸坝名称	地　点	主要用途	正常蓄水位/m	规模
沙颍河	槐店	河南省周口市	灌溉、供水	39.5	大型闸
	阜阳	安徽省阜阳市	灌溉、排涝、航运	28.5	大型闸
	颍上	安徽省颍上市	灌溉、排涝	23.5～24.5	大型闸
淮河干流	临淮岗	安徽省霍邱县	防洪、蓄水、航运	26.0	大型闸
	蚌埠	安徽省蚌埠市	灌溉、防洪、航运、发电	17.5	大型闸
涡河	蒙城	安徽省蒙城县	分洪、灌溉	24.5～25.0	大型闸

4.2　淮河水文-水动力-水质耦合模型构建

淮河流域处于我国南北气候过渡带，人类活动频繁，加之流域内下垫面形态复杂，水利工程调控剧烈，点源排污口众多，流域内洪涝灾害及水污染事故频发。因此，以淮河流域为研究对象，构建调控河网水文-水动力-水质耦合模型，评价耦合模型的适用性，并基于耦合模型分析人类活动影响下流域坡面-闸坝-河网过程的水量、水质变量的动态变化过程。水文过程选择流量及水位变量进行分析；水质过程选择流域内污染最为严重的 COD_{Mn} 和 $NH_4 - N$ 两种水质指标，评价淮河流域水质污染状况。

淮河流域中上游地区修筑闸坝众多，王家坝站以上地区受人类活动影响较小，水质情况较好。此外，蚌埠闸是淮河干流最重要的大型水利枢纽工程，也是沿河两岸人民的饮用水水源地，其水质状况对流域内人民的饮用水安全具有重要的意义。因此，淮河流域耦合模型的计算范围为王家坝站至蚌埠闸（图4-1），包括沙颍河、涡河、洪汝河和南部山区水系。研究区共划分了 15 个子流域用于流域坡面降水-径流-污染物非线性响应与运移模拟，河网划分了 18 个节点和 515 个计算断面，包括 6 座闸坝（临淮岗、槐店、阜阳、颍上、蒙城和蚌埠）。

4.2.1　参数敏感性分析

选取耦合模型的 8 个水文参数和 9 个水质参数进行参数敏感性分析（表 4 - 3）。通过随机 OAT 方法生成的模型参数驱动耦合模型，淮河流域水量水质参数敏感性分析结果见表 4 - 4。

对淮河流域流量过程而言，地表非线性产流参数（g_1 和 g_2）是非线性降水产流过程中最重要的参数，是最为敏感的参数，敏感级别为 Ⅱ 级。此外，与河道流量演算紧密相关的河道糙率（n）也是 Ⅱ 级敏感参数。地下产流系数（g_3），

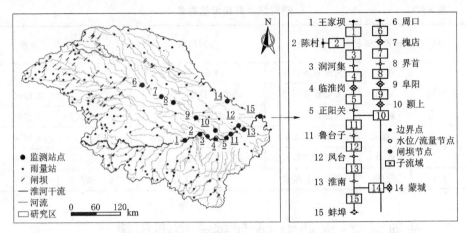

图 4-1　研究区监测站点分布图

表 4-3　　　　　　　　　　耦合模型水量水质模拟敏感性参数筛选

类别	参数	定　义	单位	过程	范　围
水量	g_1	地表非线性产流参数	—	流域	$[-1, 0]$
	g_2	地表非线性产流参数	—	流域	$[0, 1]$
	g_3	地下产流参数	—	流域	$[0, 1]$
	N	Nash 瞬时单位线参数，线性水库个数	—	坡面	$(0, +\infty)$
	k	Nash 瞬时单位线参数，流域滞时参数	h	坡面	$(0, +\infty)$
	KKG	地下水库线性出流参数	—	坡面	$(0, 1)$
	J	河道水力坡度	—	河道	$[0, +\infty)$
	n	河道糙率	—	河道	$[0.02, 0.20]$
水质	$k_{r,COD}$	COD_{Mn} 的补给速率常数	s^{-1}	坡面	$[0, +\infty)$
	$k_{r,N}$	NH_4-N 的补给速率常数	s^{-1}	坡面	$[0, +\infty)$
	C_{ECOD}	COD_{Mn} 在水体中的平衡浓度	mg/L	坡面	$(0, +\infty)$
	C_{EN}	NH_4-N 在水体中的平衡浓度	mg/L	坡面	$(0, +\infty)$
	$K_{COD,20}$	水温 20℃时 COD_{Mn} 的综合降解系数	s^{-1}	河道	$[0, +\infty)$
	$K_{N,20}$	水温 20℃时 NH_4-N 的综合降解系数	s^{-1}	河道	$[0, +\infty)$
	β_N	水体中 NH_4-N 的温度系数	—	河道	$(0, 1.5)$
	β_{COD}	水体中 COD_{Mn} 的温度系数	—	河道	$(0, 1.5)$
	α	离散系数参数	—	河道	$[0, +\infty)$

Nash 瞬时单位线参数（N 和 k），以及地下水库线性出流系数（KKG）对流域产、汇流过程的影响并不显著。河道水力坡度 J 对河道洪水演进有轻微影响（Ⅰ级）。

表 4-4　　　　　　　　　　　淮河流域水量水质参数敏感性分析结果

类别	参数	流量		NH₄-N 浓度		COD_Mn 浓度	
		敏感度	等级	敏感度	等级	敏感度	等级
水量	g_1	-0.11	Ⅱ（-）	0.02	Ⅰ（+）	0.02	Ⅰ（+）
	g_2	0.09	Ⅱ（+）	-0.04	Ⅰ（-）	-0.06	Ⅱ（-）
	g_3	0.00	Ⅰ	-0.02	Ⅰ（-）	0.00	Ⅰ
	N	0.00	Ⅰ	0.00	Ⅰ	0.03	Ⅰ（+）
	k	0.00	Ⅰ	0.00	Ⅰ	0.03	Ⅰ（+）
	KKG	0.00	Ⅰ	0.00	Ⅰ	0	Ⅰ
	J	-0.01	Ⅰ（-）	-0.09	Ⅱ（-）	-0.07	Ⅱ（-）
	n	0.08	Ⅱ（+）	-0.18	Ⅱ（-）	-0.30	Ⅲ（-）
水质	$k_{r,COD}$	—	—	—	—	0.05	Ⅱ（+）
	$k_{r,N}$	—	—	0.00	Ⅰ	—	—
	C_{ECOD}	—	—	—	—	0.11	Ⅱ（+）
	C_{EN}	—	—	0.01	Ⅰ（+）	—	—
	$K_{COD,20}$	—	—	—	—	-0.25	Ⅲ（-）
	$K_{N,20}$	—	—	-0.27	Ⅲ（-）	—	—
	β_{COD}	—	—	—	—	1.06	Ⅳ（+）
	β_N	—	—	2.36	Ⅳ（+）	—	—
	α	—	—	-0.11	Ⅱ（-）	-0.11	Ⅱ（-）

注　Ⅰ代表灵敏度较小；Ⅱ代表中等灵敏度；Ⅲ代表高灵敏度；Ⅳ代表极为灵敏；—代表不灵敏。

对于 NH₄-N 浓度而言，最敏感的参数为综合降解系数的温度系数（β_N），灵敏度为Ⅳ级，其显著影响着 NH₄-N 的降解过程。20℃时 NH₄-N 的降解系数（$K_{20,N}$）的灵敏度为Ⅲ级，对 NH₄-N 浓度呈负向影响，NH₄-N 浓度随 $K_{20,N}$ 的增加而减少，随 $K_{20,N}$ 的减少而增加。n、J 和离散系数参数（α）的灵敏度为Ⅱ级，且均与 NH₄-N 浓度呈负向影响关系，随着三个参数取值的增加，NH₄-N 浓度降低，反之亦然。g_1 与 NH₄-N 浓度呈微弱的正相关关系，而 g_2 和 g_3 与之呈轻微的负相关关系，但该影响的敏感度均为Ⅰ级。此外，NH₄-N 浓度的变化对 KKG、N、k、NH₄-N 的补给速率常数（$k_{r,N}$）和固液相平衡浓度（C_{EN}）等较为不敏感。

对于 COD_Mn 浓度而言，最敏感的参数为降解系数的温度系数（β_{COD}），灵敏度为Ⅳ级，其与水体中 COD_Mn 的降解过程紧密相关。n 和 20℃时 COD_Mn 的降解系数（$K_{20,COD}$）的灵敏度均为Ⅲ级，且与 COD_Mn 浓度呈负向影响，COD_Mn 浓度随 $K_{20,COD}$ 的增加而减少，随 $K_{20,COD}$ 的减少而增加。J、α 和固液相平衡浓度（C_{ECOD}）、补给速率常数（$k_{r,COD}$）的灵敏度均为 II 级，其中，J 和 α 均与 COD_{Mn} 的浓度呈负向影响关系，随着两个参数取值的增加，COD_{Mn} 浓度将降低，反之亦然；C_{ECOD} 和 $k_{r,COD}$ 与 COD_{Mn} 浓度呈正向影响，随着 C_{ECOD} 浓度和 $k_{r,COD}$ 的增加，COD_{Mn} 浓度亦随之增加，水质逐渐恶化，反之，水质恶化有所改善。g_1 与 COD_{Mn} 浓度呈微弱的正相关关系，而 g_2 与之呈轻微的负相关关系；N 和 k 与 COD_{Mn} 浓度呈轻微的正相关关系，但上述参数影响的敏感度均为 I 级。此外，COD_{Mn} 浓度的变化对 g_3、KKG 等较为不敏感。

4.2.2　模型评价指标选取

为评价模型模拟结果的好坏，需选取合适的评价指标进行量化比较。现有流域水文模型评价水量和营养物质模拟效果的统计指标分为统计法和图示法两大类。图示法可直接观察模拟和实测结果的拟合效果。统计法可大致分为标准回归、无量纲化和误差指标。本研究选取了图示法及最常用的标准回归方法中的相关系数 r、无量纲化方法中的 Nash-Sutcliffe 效率系数 NSE 和 Willmott 指数 d，以及误差指标法中的相对误差 Re 作为评价所构建耦合模型模拟好坏的指标。模型模拟效果评估指标列表见表 4-5。

表 4-5　　　　　　　　　　模型模拟效果评估指标列表

评价指标	计　算　公　式	分类	取值范围	最优值
相对误差	$\|Re\|=\left\|\dfrac{\overline{I}_o-\overline{I}_s}{\overline{I}_o}\right\|$	误差指标	$[0,1]$	0
相关系数	$r=\dfrac{\sum(I_{o,i}-\overline{I}_o)(I_{s,i}-\overline{I}_s)}{\sqrt{\sum(I_{o,i}-\overline{I}_o)^2\sum(I_{s,i}-\overline{I}_s)^2}}$	标准回归	$[-1,1]$	1
Nash-Sutcliffe 效率系数	$NSE=1-\dfrac{\sum(I_{o,i}-I_{s,i})^2}{\sum(I_{o,i}-\overline{I}_o)^2}$	无量纲化	$(-\infty,1]$	1
Willmott 指数	$d=1-\dfrac{\sum(I_{s,i}-I_{o,i})^2}{\sum(\|I_{s,i}-\overline{I}_s\|+\|I_{o,i}-\overline{I}_o\|)^2}$	无量纲化	$[0,1]$	1

注　$\overline{I}_o$ 为实测序列平均值；$\overline{I}_s$ 为模拟序列平均值；$I_{o,i}$ 为 i 时刻实测值；$I_{s,i}$ 为 i 时刻模拟值。

4.2.3　水位与流量过程率定与验证

1. 模型率定

以 2007 年 1 月 1 日 0 时至 2007 年 12 月 31 日 23 时为模型的率定期，对淮河流域各河流从上游至下游依次率定。由于研究区域面积较大，划分河段较多，因此，所建立的模型采用手动调参的方法率定参数。率定期淮河流域部分站点模拟与实测的水位和流量过程分别如图 4-2 和图 4-3 所示。

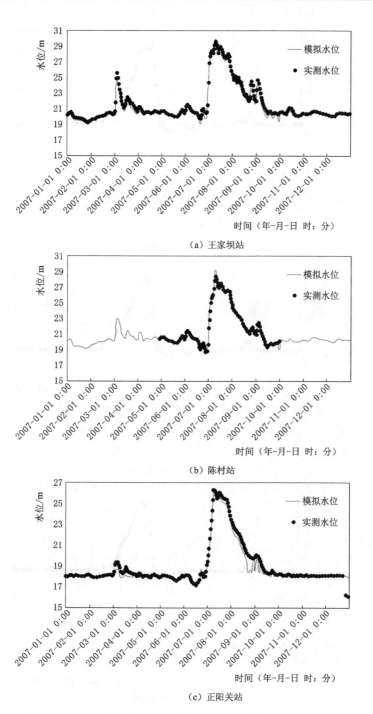

（a）王家坝站

（b）陈村站

（c）正阳关站

图 4-2（一） 率定期淮河流域部分站点模拟与实测水位过程

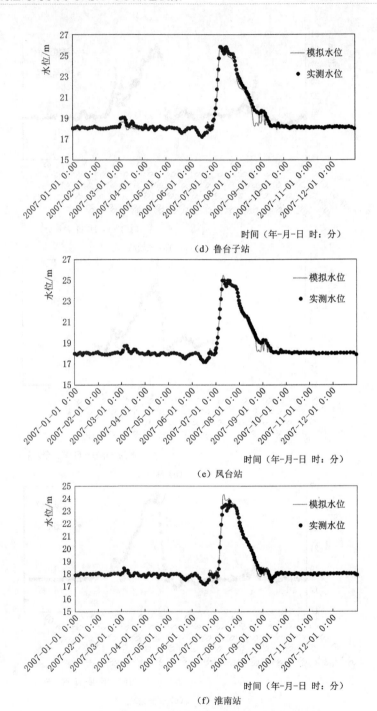

（d）鲁台子站

（e）凤台站

（f）淮南站

图 4-2（二）　率定期淮河流域部分站点模拟与实测水位过程

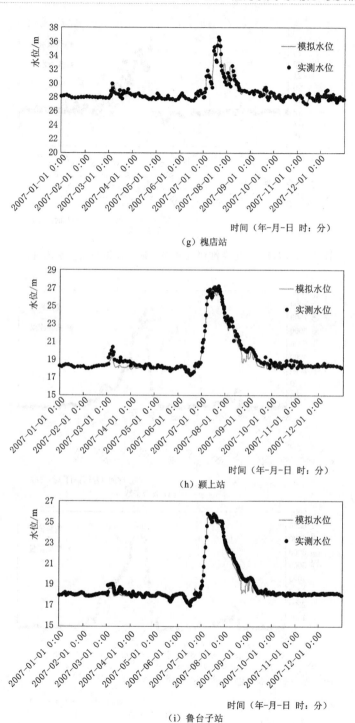

（g）槐店站

（h）颍上站

（i）鲁台子站

图 4-2（三）　率定期淮河流域部分站点模拟与实测水位过程

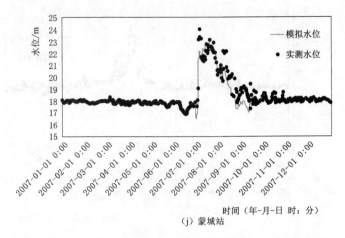

（j）蒙城站

图 4-2（四）　率定期淮河流域部分站点模拟与实测水位过程

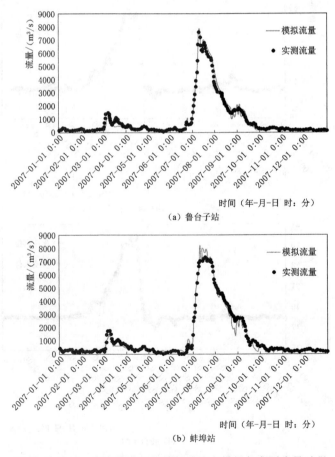

（a）鲁台子站

（b）蚌埠站

图 4-3（一）　率定期淮河流域部分站点模拟与实测流量过程

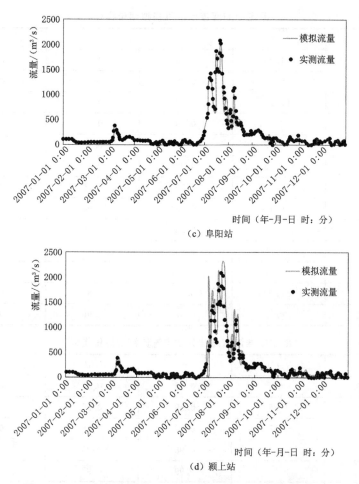

（c）阜阳站

（d）颍上站

图 4-3（二）　率定期淮河流域部分站点模拟与实测流量过程

率定期淮河流域水位和流量模拟评价指标分别见表 4-6 和表 4-7。12 个站点的水位模拟结果显示，Re 均在 ±1.80% 以内，r 和 NSE 均大于 0.88，d 均大于 0.93；7 个站点的流量模拟结果显示，Re 均在 ±10.00% 以内（除润河集站以外），r 均大于 0.98，NSE 均大于 0.93，d 均大于 0.97。所有站点的水位和流量过程模拟结果均较好。为缓解淮河干流防汛压力，2007 年 7 月 10 日上午，王家坝蒙洼蓄滞洪区开闸分洪，由于耦合模型未考虑蓄滞洪区的影响，润河集流量过程模拟结果相对误差偏大。

2. 模型验证

以 2004 年 1 月 1 日 0 时至 2004 年 12 月 31 日 23 时的水情过程、2008 年 1 月 1 日 0 时至 2008 年 12 月 31 日 23 时的水情过程，以及 2010 年 6 月 1 日 0 时至 2010 年 9 月 30 日 23 时的水情过程，分别对所建立的耦合模型进行验证。由

表 4-6　　　　　　　　　　率定期淮河流域水位模拟评价指标

站点	Re/%	r	NSE	d
王家坝	−1.09	0.99	0.98	0.99
陈村	−0.59	0.98	0.93	0.99
临淮岗	0.53	0.99	0.97	0.99
正阳关	−0.90	0.99	0.97	0.99
鲁台子	−0.82	0.99	0.98	0.99
凤台	−0.23	0.99	0.99	0.99
淮南	0.27	0.99	0.99	0.99
周口	−0.16	0.88	0.94	0.93
槐店	0.20	0.99	0.98	0.99
界首	−0.05	0.98	0.98	0.99
颍上	−1.73	0.99	0.96	0.99
蒙城	−0.90	0.95	0.88	0.97
平均值	—	0.97	0.96	0.98

表 4-7　　　　　　　率定期淮河流域部分站点流量模拟评价指标

站点	Re/%	r	NSE	d
润河集	29.36	0.99	0.93	0.99
鲁台子	1.25	0.99	0.98	0.99
蚌埠	−3.27	0.99	0.98	0.99
槐店	−3.12	0.98	0.96	0.99
界首	9.93	0.99	0.97	0.99
阜阳	−0.55	0.99	0.97	0.99
颍上	2.82	0.99	0.97	0.97
平均值	—	0.99	0.97	0.99

于缺乏 2004 年沙颍河水情监测数据和 2010 年淮河干流闸坝数据,故仅分析 2004 年淮河干流和 2010 年沙颍河的水情模拟效果。验证期淮河流域部分站点模拟与实测水位和流量过程如图 4-4~图 4-9 所示。

验证期淮河流域水位和流量模拟评价指标分别见表 4-8 和表 4-9。12 个站点的水位模拟结果显示,相对误差 (Re) 均在 ±1.50% 以内,除周口站以外,其他站点的相关系数 (r) 均大于 0.90,Nash-Sutcliffe 效率系数 (NSE) 均大于 0.75,Willmott 指数 (d) 均大于 0.93;7 个站点的流量模拟结果显示,Re 均在 ±13.00% 以内,r 均大于 0.88,NSE 均大于 0.75,d 均大于 0.94。受周口市大庆路桥重建影响,周口水位流量关系紊乱,验证期周口站模拟水位过程

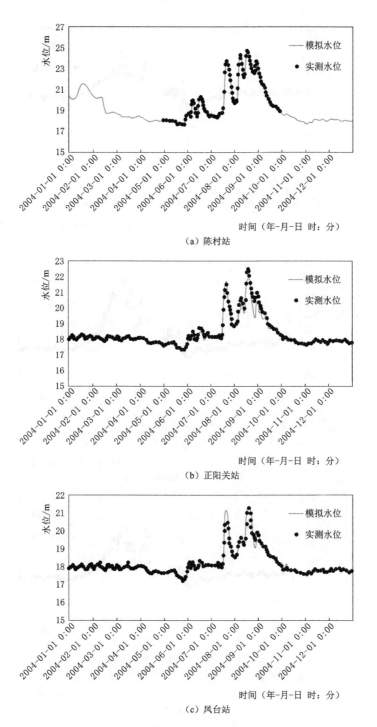

（a）陈村站

（b）正阳关站

（c）凤台站

图 4 - 4 （一） 验证期（2004 年）淮河流域部分站点模拟与实测水位过程

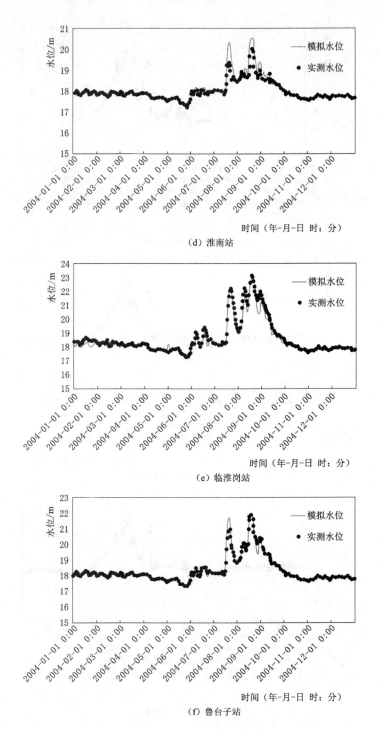

（d）淮南站

（e）临淮岗站

（f）鲁台子站

图 4-4（二）　验证期（2004 年）淮河流域部分站点模拟与实测水位过程

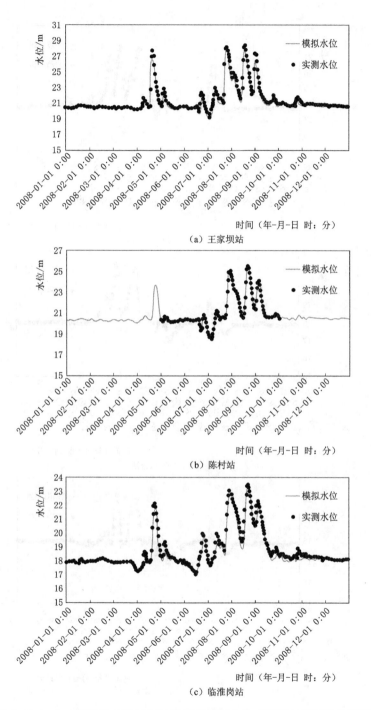

（a）王家坝站

（b）陈村站

（c）临淮岗站

图 4-5 （一）　验证期（2008 年）淮河流域部分站点模拟与实测水位过程

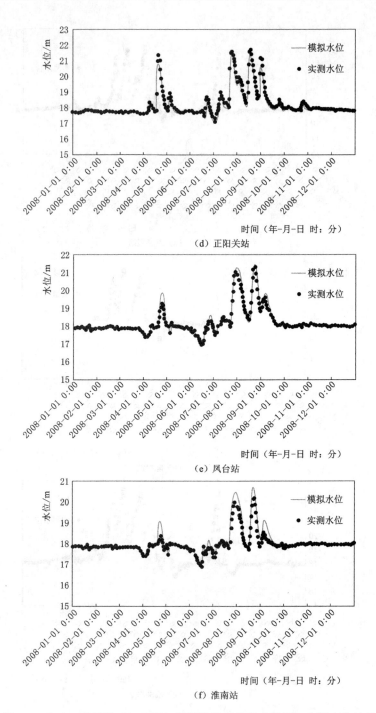

（d）正阳关站

（e）凤台站

（f）淮南站

图 4-5（二）　验证期（2008 年）淮河流域部分站点模拟与实测水位过程

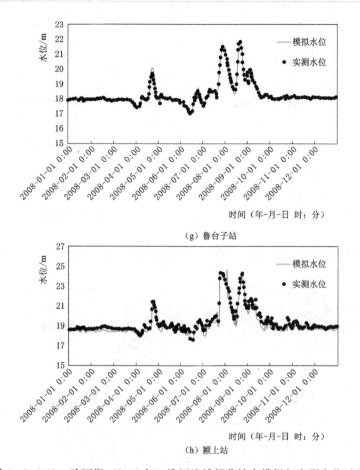

（g）鲁台子站

（h）颍上站

图 4-5（三） 验证期（2008年）淮河流域部分站点模拟与实测水位过程

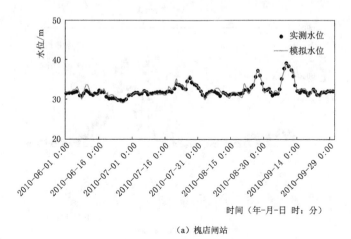

（a）槐店闸站

图 4-6（一） 验证期（2010年）淮河流域部分站点模拟与实测水位过程

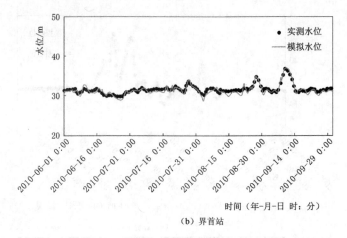

（b）界首站

图 4-6（二）　验证期（2010 年）淮河流域部分站点模拟与实测水位过程

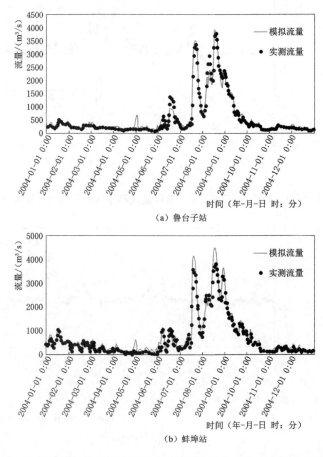

（a）鲁台子站

（b）蚌埠站

图 4-7　验证期（2004 年）淮河流域部分站点模拟与实测流量过程

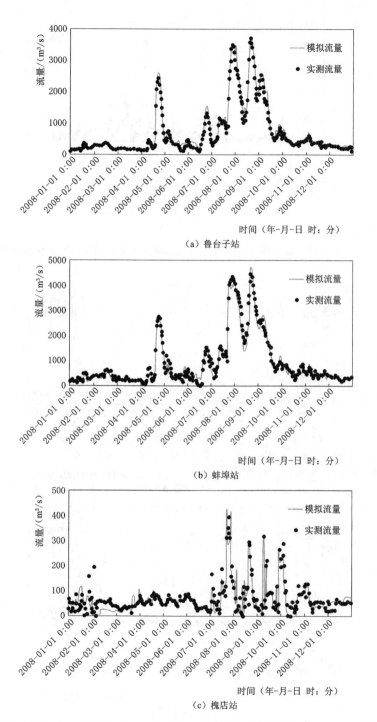

（a）鲁台子站

（b）蚌埠站

（c）槐店站

图 4-8（一）　验证期（2008 年）淮河流域部分站点模拟与实测流量过程

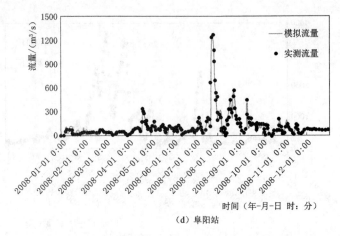

（d）阜阳站

图 4-8（二）　验证期（2008 年）淮河流域部分站点模拟与实测流量过程

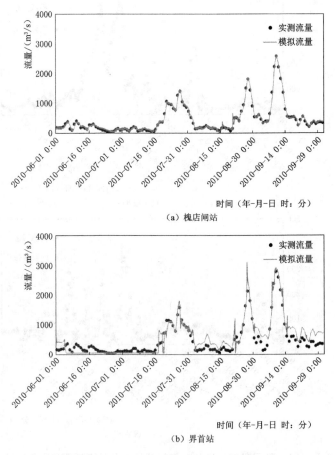

（a）槐店闸站

（b）界首站

图 4-9　验证期（2010 年）淮河流域部分站点模拟与实测流量过程

精度偏低。其余站点的水位和流量过程模拟结果均较好。2010 年汛期（6—9月），各站点水位模拟的 Re 均在 $\pm 1.00\%$ 以内，r 和 d 均大于 0.90，NSE 为 $0.76\sim0.96$；各站点流量模拟的 Re 为 $-17.54\%\sim-1.65\%$，r 为 $0.61\sim0.97$，NSE 为 $0.84\sim0.97$，d 均大于 0.95。总体而言，除周口站外，验证期所有站点的水位和流量模拟效果均较好。

表 4-8　　　　　　　　　　　验证期淮河流域水位模拟评价指标

站点	$Re/\%$	r	NSE	d
王家坝	−1.45	0.99	0.94	0.98
陈村	−0.08	0.97	0.93	0.99
临淮岗	−0.83	0.99	0.84	0.99
正阳关	−0.55	0.99	0.97	0.99
鲁台子	−0.12	0.99	0.98	0.99
凤台	0.36	0.99	0.97	0.99
淮南	0.68	0.99	0.80	0.97
周口	−0.80	0.46	−0.50	0.66
槐店	0.18	0.88	0.70	0.93
界首	−0.10	0.92	0.64	0.96
颍上	−1.30	0.99	0.93	0.98
蒙城	−0.56	0.95	0.82	0.93
平均值	—	0.93	0.75	0.95

注　由于 2010 年仅有汛期数据，表中未统计 2010 年站点模拟评价指标。

表 4-9　　　　　　　　　　　验证期淮河流域流量模拟评价指标

站点	$Re/\%$	r	NSE	d
润河集	12.69	0.99	0.96	0.97
鲁台子	8.35	0.99	0.97	0.99
蚌埠	6.37	0.99	0.96	0.99
槐店	−4.33	0.88	0.76	0.94
界首	−4.57	0.91	0.83	0.96
阜阳	−1.37	0.96	0.93	0.98
颍上	−1.24	0.96	0.92	0.98
平均值	—	0.95	0.90	0.97

注　由于 2010 年仅有汛期数据，表中未统计 2010 年站点模拟评价指标。

4.2.4　水质过程率定与验证

1. 模型率定

对淮河流域各河流的污染物综合降解系数、离散系数从上游至下游依次率定。同样采用手动调参的方法。评价指标和水情模拟的评价指标基本相同，包括相对误差 Re、相关系数 r 和 Willmott 指数 d。率定期淮河流域部分站点模拟与实测 COD_{Mn} 和 NH_4-N 浓度过程如图 4-10 所示。

率定期淮河流域水质浓度模拟评价指标见表 4-10。8 个站点的 COD_{Mn} 浓度模拟结果显示，Re 为 $-8.95\% \sim 12.36\%$，r 为 $0.59 \sim 0.76$，d 为 $0.84 \sim 0.98$；NH_4-N 浓度模拟结果显示，Re 为 $-25.36\% \sim 19.37\%$，r 为 $0.68 \sim 0.98$，d 为 $0.56 \sim 0.98$。

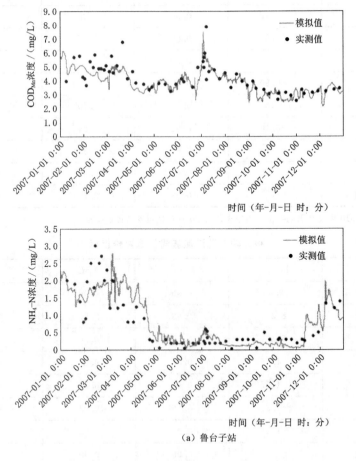

（a）鲁台子站

图 4-10（一）　率定期淮河流域部分站点模拟与实测 COD_{Mn} 和 NH_4-N 浓度过程

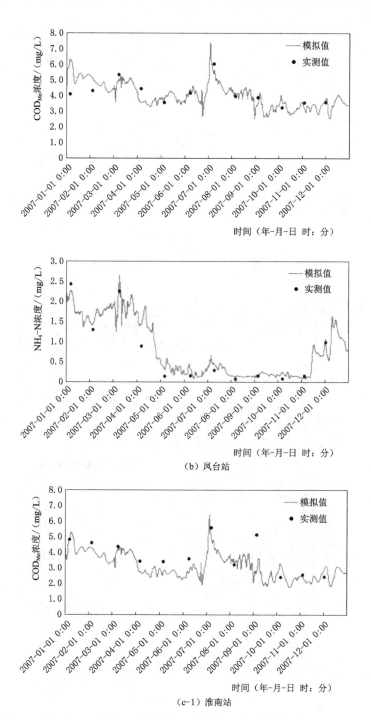

（b）凤台站

（c-1）淮南站

图 4-10（二）　率定期淮河流域部分站点模拟与实测 COD_{Mn} 和 NH_4-N 浓度过程

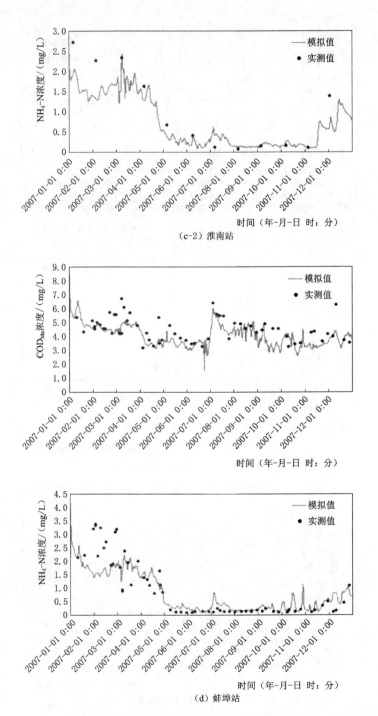

（c-2）淮南站

（d）蚌埠站

图 4-10（三）　率定期淮河流域部分站点模拟与实测 COD_{Mn} 和 NH_4-N 浓度过程

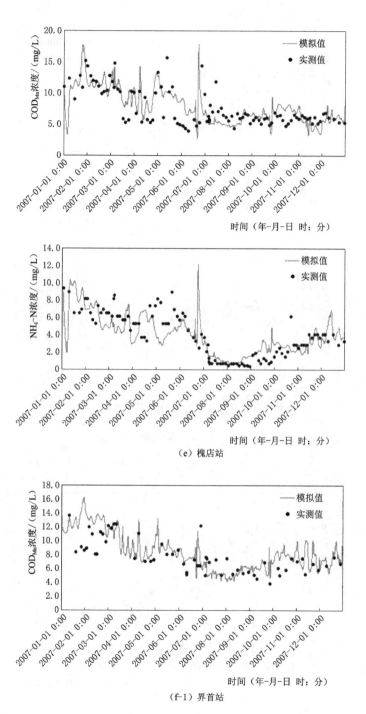

(e) 槐店站

(f-1) 界首站

图 4-10（四） 率定期淮河流域部分站点模拟与实测 COD_{Mn} 和 NH_4-N 浓度过程

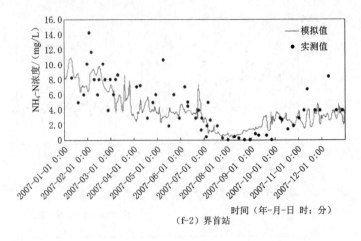

（f-2）界首站

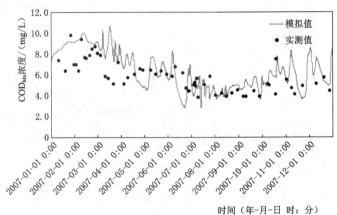

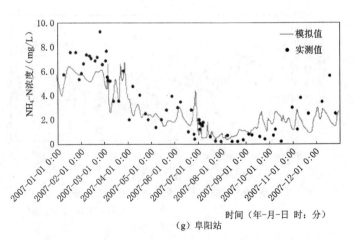

（g）阜阳站

图 4-10（五） 率定期淮河流域部分站点模拟与实测 COD_{Mn} 和 NH_4-N 浓度过程

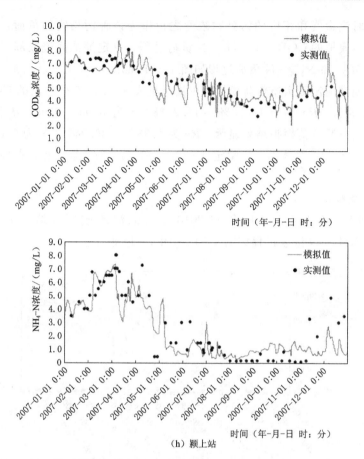

（h）颖上站

图 4-10（六） 率定期淮河流域部分站点模拟与实测 COD_{Mn} 和 NH_4-N 浓度过程

表 4-10 率定期淮河流域水质浓度模拟评价指标

站点	COD_{Mn}浓度			NH_4-N浓度		
	$Re/\%$	r	d	$Re/\%$	r	d
鲁台子	-2.79	0.72	0.98	4.05	0.86	0.92
凤台	3.20	0.59	0.97	19.37	0.98	0.98
淮南	-8.64	0.66	0.97	-25.36	0.94	0.93
蚌埠	-8.95	0.67	0.98	-10.01	0.84	0.87
槐店	3.96	0.69	0.86	-2.61	0.74	0.56
界首	12.36	0.66	0.88	-9.48	0.68	0.63
阜阳	10.85	0.71	0.87	-13.56	0.85	0.64
颖上	-3.42	0.76	0.84	-9.31	0.87	0.66
平均值	—	0.68	0.92	—	0.85	0.77

　　以瞬时流量值和相应的污染物浓度之积作为该种污染物的负荷,由此,可得到实测与模拟的 COD_{Mn} 和 NH_4-N 负荷过程。率定期淮河流域部分站点模拟与实测 COD_{Mn} 和 NH_4-N 负荷过程如图 4-11 所示。

　　率定期淮河流域水质负荷模拟评价指标见表 4-11。6 个站点的 COD_{Mn} 负荷模拟结果显示,Re 为 $-17.73\%\sim11.21\%$,r 为 $0.95\sim0.99$,d 为 $0.42\sim0.99$;NH_4-N 负荷模拟结果显示,Re 为 $1.33\%\sim29.94\%$,r 为 $0.61\sim0.81$,d 为 $0.26\sim0.79$。总体而言,率定期 COD_{Mn} 和 NH_4-N 浓度和负荷模拟效果均较好。

2. 模型验证

　　验证期(2004 年、2008 年和 2010 年)淮河流域部分站点模拟与实测 COD_{Mn} 和 NH_4-N 浓度过程如图 4-12~图 4-14 所示。

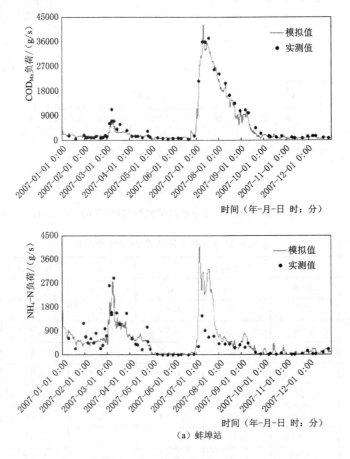

(a)蚌埠站

图 4-11(一)　率定期淮河流域部分站点模拟与实测 COD_{Mn} 和 NH_4-N 负荷过程

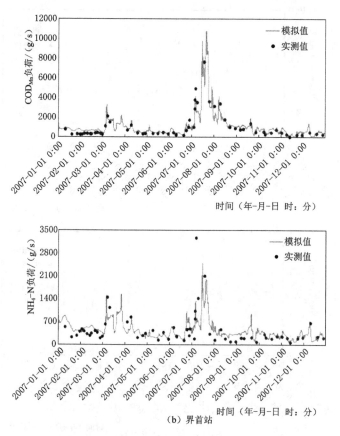

（b）界首站

图 4-11（二） 率定期淮河流域部分站点模拟与实测 COD_{Mn} 和 NH_4-N 负荷过程

表 4-11 　　　　　　　率定期淮河流域水质负荷模拟评价指标

站点	COD_{Mn}负荷			NH_4-N负荷		
	$Re/\%$	r	d	$Re/\%$	r	d
鲁台子	8.33	0.99	0.99	29.94	0.61	0.73
蚌埠	−17.73	0.98	0.99	17.22	0.69	0.79
槐店	−13.47	0.96	0.64	6.67	0.66	0.26
界首	4.76	0.97	0.69	3.01	0.73	0.60
阜阳	11.21	0.95	0.45	3.18	0.65	0.47
颍上	7.84	0.97	0.42	1.33	0.81	0.53
平均值	—	0.97	0.70	—	0.69	0.56

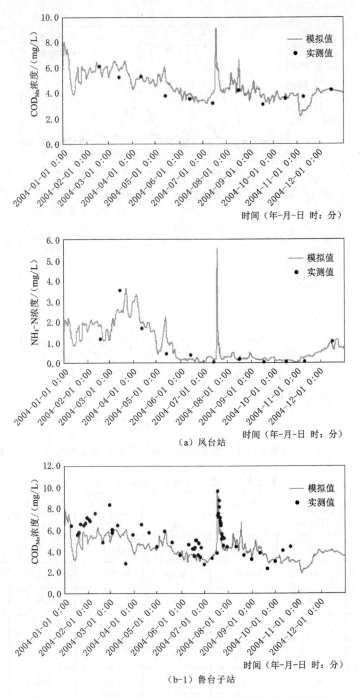

图 4-12（一）　验证期（2004 年）淮河流域部分站点模拟与
实测 COD_{Mn} 和 NH_4-N 浓度过程

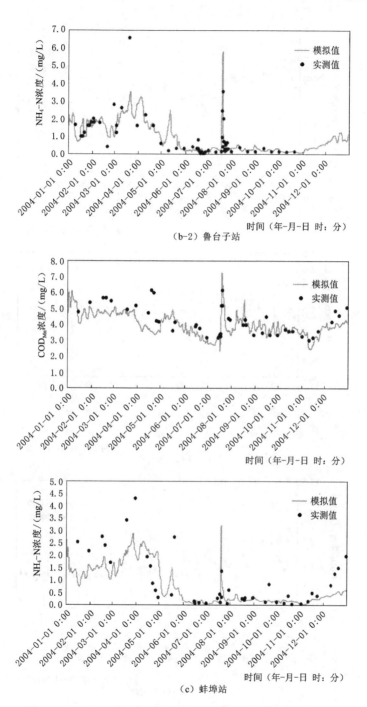

（b-2）鲁台子站

（c）蚌埠站

图 4-12（二） 验证期（2004 年）淮河流域部分站点模拟与
实测 COD_{Mn} 和 NH_4-N 浓度过程

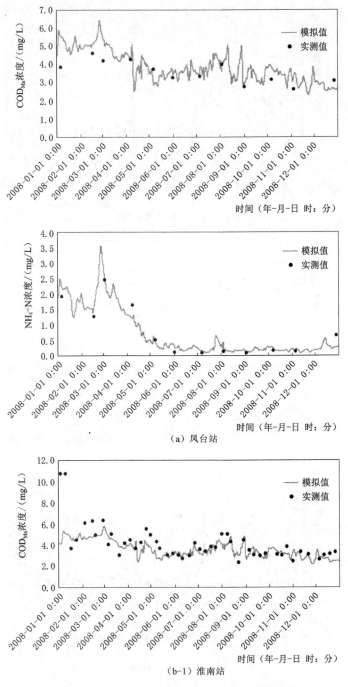

图 4-13 （一）　验证期（2008 年）淮河流域部分站点模拟与
实测 COD$_{Mn}$ 和 NH$_4$ - N 浓度过程

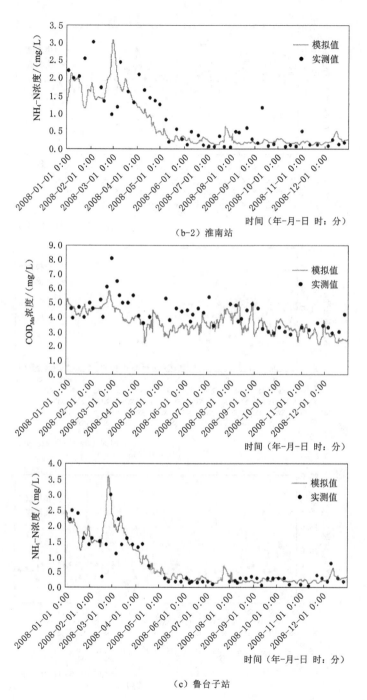

（b-2）淮南站

（c）鲁台子站

图 4-13（二） 验证期（2008 年）淮河流域部分站点模拟与
实测 COD_{Mn} 和 NH_4-N 浓度过程

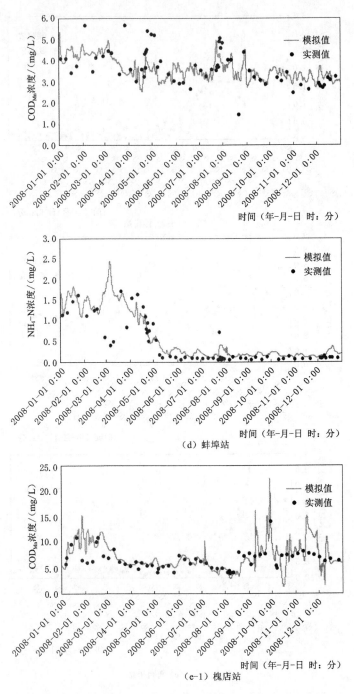

图 4-13（三）　验证期（2008 年）淮河流域部分站点模拟与
实测 COD_{Mn} 和 NH_4-N 浓度过程

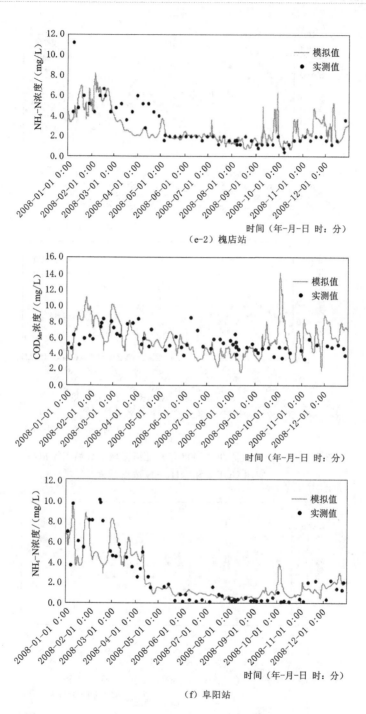

（e-2）槐店站

（f）阜阳站

图 4-13（四） 验证期（2008 年）淮河流域部分站点模拟与
实测 COD_{Mn} 和 NH_4-N 浓度过程

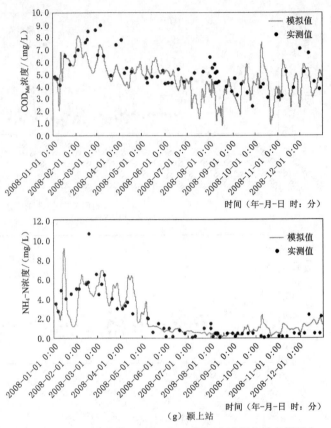

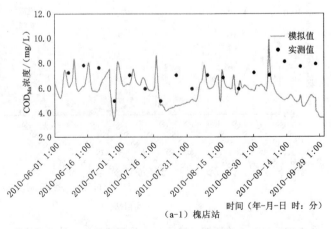

（g）颍上站

图 4-13（五）　验证期（2008 年）淮河流域部分站点模拟与
实测 COD_Mn 和 NH_4 - N 浓度过程

（a-1）槐店站

图 4-14（一）　验证期（2010 年）淮河流域部分站点模拟与
实测 COD_Mn 和 NH_4 - N 浓度过程

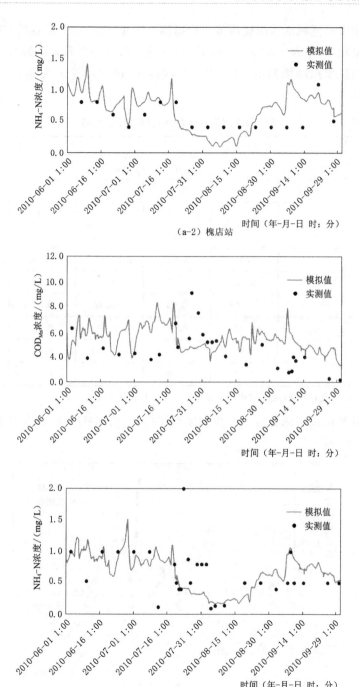

（a-2）槐店站

（b）界首站

图 4-14（二）　验证期（2010 年）淮河流域部分站点模拟与
实测 COD_{Mn} 和 NH_4-N 浓度过程

验证期淮河流域水质浓度模拟评价指标见表 4-12。8 个站点的 COD_{Mn} 浓度模拟结果显示，Re 为 $-8.95\%\sim6.67\%$，r 为 $-0.09\sim0.71$，d 为 $0.75\sim0.98$；NH_4-N 浓度模拟结果显示，Re 为 $-10.01\%\sim16.35\%$，r 为 $0.65\sim0.90$，d 为 $0.39\sim0.90$。

表 4-12　　　　　　　　验证期淮河流域水质浓度模拟评价指标

站点	COD_{Mn}浓度			NH_4-N浓度		
	$Re/\%$	r	d	$Re/\%$	r	d
鲁台子	−7.11	0.64	0.95	4.07	0.83	0.85
凤台	4.52	0.71	0.98	2.08	0.90	0.90
淮南	−6.43	0.64	0.96	−9.44	0.78	0.71
蚌埠	0.24	0.51	0.97	16.35	0.65	0.72
槐店	6.67	0.63	0.79	−5.44	0.65	0.43
界首	−2.82	−0.09	0.75	−4.82	0.85	0.39
阜阳	4.53	0.15	0.82	6.36	0.80	0.55
颍上	−8.95	0.67	0.98	−10.01	0.84	0.87
平均值	—	0.48	0.90	—	0.79	0.68

注　由于 2010 年仅有汛期数据，表中未统计 2010 年站点模拟评价指标。

验证期淮河流域部分站点模拟与实测 COD_{Mn} 和 NH_4-N 负荷过程如图 4-15～图 4-17 所示。

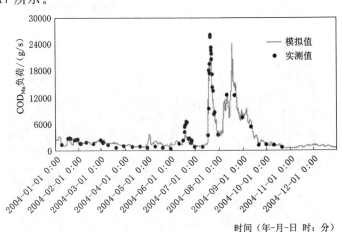

（a-1）鲁台子站

图 4-15 （一）　验证期（2004 年）淮河流域部分站点模拟与
实测 COD_{Mn} 和 NH_4-N 负荷过程

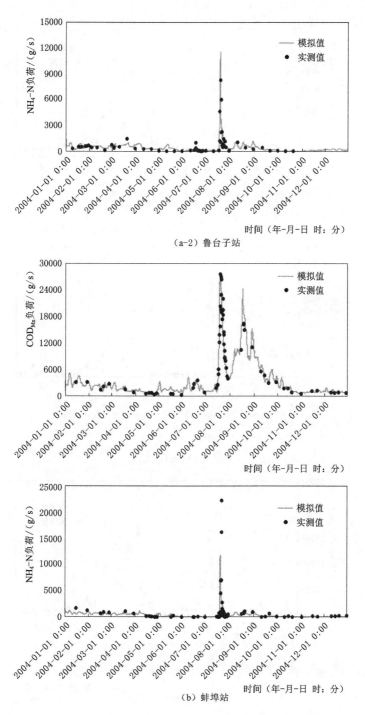

（a-2）鲁台子站

（b）蚌埠站

图 4-15（二） 验证期（2004 年）淮河流域部分站点模拟与
实测 COD_{Mn} 和 NH_4-N 负荷过程

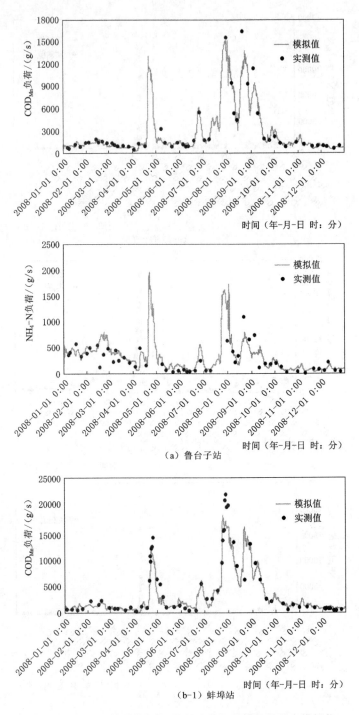

图 4－16（一）　验证期（2008 年）淮河流域部分站点模拟与
实测 COD_{Mn} 和 NH_4-N 负荷过程

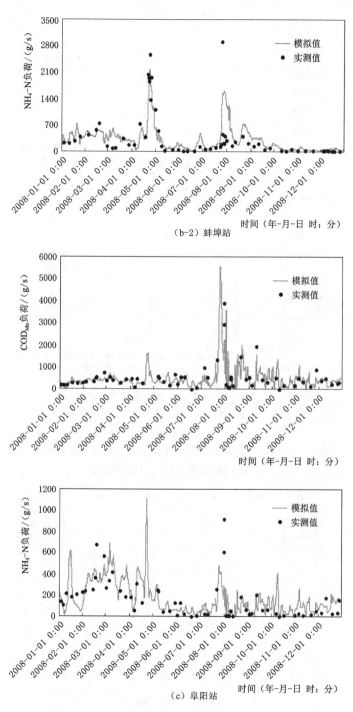

图 4-16（二） 验证期（2008 年）淮河流域部分站点模拟与
实测 COD_{Mn} 和 NH_4-N 负荷过程

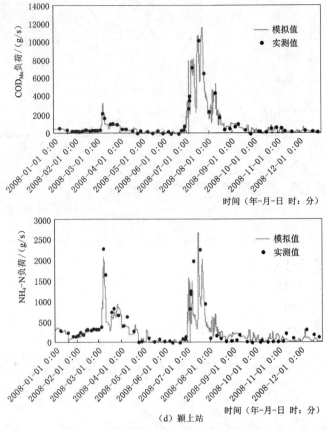

(d) 颍上站

图 4-16（三） 验证期（2008 年）淮河流域部分站点模拟与
实测 COD_{Mn} 和 NH_4-N 负荷过程

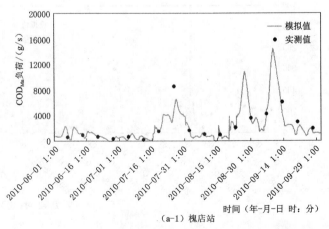

（a-1）槐店站

图 4-17（一） 验证期（2010 年）淮河流域部分站点模拟与
实测 COD_{Mn} 和 NH_4-N 负荷过程

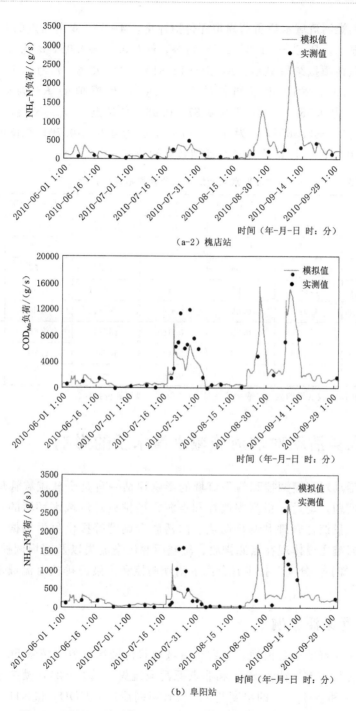

（a-2）槐店站

（b）阜阳站

图 4-17（二） 验证期（2010 年）淮河流域部分站点模拟与
实测 COD_{Mn} 和 NH_4-N 负荷过程

验证期淮河流域水质负荷模拟评价指标见表 4-13。6 个站点的 COD_{Mn} 负荷模拟结果显示，Re 为 -11.28% ～ 5.11%，r 为 0.59 ～ 0.96，d 为 0.42 ～ 0.98；NH_4-N 负荷模拟结果显示，Re 为 -12.31% ～ 29.92%，r 为 0.55 ～ 0.79，d 为 0.30 ～ 0.90。2010 年汛期各站点 COD_{Mn} 负荷模拟的 Re 为 -5.58% ～ 18.27%，r 为 0.56 ～ 0.92，d 为 0.87 ～ 0.96，各站点 NH_4-N 负荷模拟的 Re 为 -33.35% ～ -9.56%，r 为 0.46 ～ 0.62，d 为 0.65 ～ 0.70。总体而言，验证期 COD_{Mn} 和 NH_4-N 浓度和负荷模拟效果均较好。

表 4-13　　　　　　　　验证期淮河流域水质负荷模拟评价指标

站点	COD_{Mn}负荷			NH_4-N负荷		
	$Re/\%$	r	d	$Re/\%$	r	d
鲁台子	-1.41	0.96	0.98	29.92	0.79	0.90
蚌埠	5.11	0.94	0.97	11.57	0.57	0.52
槐店	1.24	0.95	0.64	-12.31	0.65	0.37
界首	4.91	0.59	0.67	19.84	0.68	0.30
阜阳	-3.35	0.70	0.61	18.71	0.55	0.44
颍上	-11.28	0.88	0.42	6.54	0.70	0.53
平均值	—	0.84	0.72	—	0.66	0.51

注　由于 2010 年仅有汛期数据，表中未统计 2010 年站点模拟评价指标。

4.3　人类活动对淮河流域水量水质的影响

人类活动对高度调控和污染流域的影响评估一直是全球流域管理研究的热点和难点问题。定量分析闸坝调控和点源污染排放对流域水环境的贡献，可为流域水质水量综合管理和闸坝防洪、防污联合调度等提供科学依据。淮河流域人类活动影响主要体现在点源排放、流域面源污染流失以及闸坝调控等。因此，本节基于"耦合-分离"技术，分离了闸坝调控和污染源排放对流域水质恶化的影响。

4.3.1　污染源影响

基于率定好的耦合模型，分别在流域现状污染源排放（情景 S0）的基础上去除点源污染排放（情景 S1）和非点源污染流失（情景 S2），模拟不同情景下流域 COD_{Mn} 和 NH_4-N 的浓度变化，统计不同情景下 COD_{Mn} 和 NH_4-N 浓度在汛期、非汛期和全年的变化率（η_{point}、$\eta_{diffuse}$），分析污染源对流域水质变化的影响，如图 4-18 所示。

图 4-18　不同情景下各闸坝 COD_{Mn} 和 NH_4 - N 浓度变化率

注：情景 S1 为现状点源污染排放量削减 100%（η_{point}），情景 S2 为现状
非点源污染流失削减 100%（$\eta_{diffuse}$），情景 S3 为闸坝闸门全开（η_{dam}），
情景 S4 为现状点源和非点源污染量削减 100%（$\eta_{pollutants}$）。

　　点源污染排放仍然是流域最主要的污染源。对于全年、汛期和非汛期而言，点源污染排放削减导致阜阳闸 COD_{Mn} 浓度的变化率分别为 43%、30% 和 47%，蚌埠闸 COD_{Mn} 浓度的变化率分别为 29%、30% 和 34%；阜阳闸 NH_4 - N 的浓度变化率分别为 45%、41% 和 47%，蚌埠闸 NH_4 - N 的浓度变化率分别为 24%、

2%和 26%。

非点源污染流失削减引起 COD_{Mn} 和 $NH_4 - N$ 浓度在汛期的变化率均超过了非汛期和全年的浓度变化。特别是颍上闸（11%～14%）和蚌埠闸（19%～31%）非点源污染流失对 COD_{Mn} 浓度变化的影响甚至接近点源污染排放。因此，应重点关注上述非点源污染流失的重点区域，加大非点源污染流失治理力度，以改善河道水质状况。

4.3.2 闸坝调控影响

构建闸门全开条件下的控制断面水位流量关系，见表 4-14，确定性系数 R^2 均在 0.60 以上，拟合效果较好，可以此关系输入率定好的耦合模型，分析闸门全开情景下流域水情和水质的变化情况。

表 4-14　　　　　　　　淮河流域部分闸坝水位流量关系经验式

河　流	闸坝	拟　合　参　数		
		α_1	α_0	R^2
淮河干流	临淮岗	702.09	-13593.00	0.91
	蚌埠	1060.50	-14754.00	0.90
沙颍河	槐店	420.56	-14357.00	0.79
	阜阳	278.81	-6581.55	0.73
	颍上	262.43	-5393.00	0.63

注　所有参数估计值均通过了 90% 置信区间的 F 检验。

采用若干统计指标，如平均值（平均值和中值）、低值（最小值、75 分位数和 99 分位数）和高值（最大值、1 分位数和 25 分位数），量化闸门全开（情景 S3）和现状条件（情景 S0）下主要站点水位、流量、COD_{Mn} 和 $NH_4 - N$ 浓度的变化过程，如图 4-19 和图 4-20 所示。

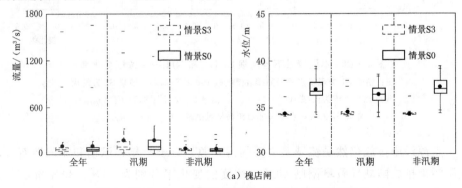

(a) 槐店闸

图 4-19（一）　情景 S3 和情景 S0 下水位和流量变化

注：箱型图中箱体代表 25 分位数和 75 分位数，须线代表 1 分位数和
99 分位数，箱体内黑线和黑圆点分别代表中位数和平均值。

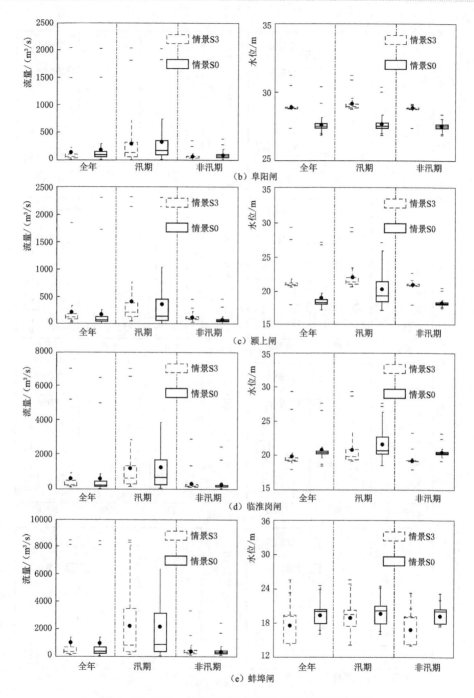

图 4-19（二）　情景 S3 和情景 S0 下水位和流量变化

注：箱型图中箱体代表 25 分位数和 75 分位数，须线代表 1 分位数和
99 分位数，箱体内黑线和黑圆点分别代表中位数和平均值。

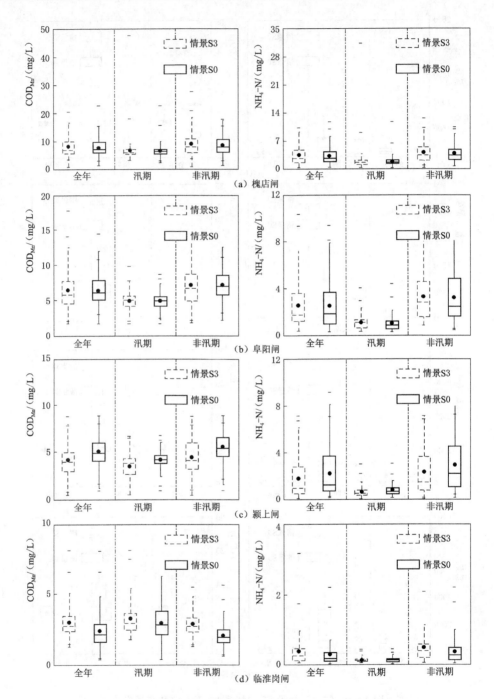

图 4-20（一）　情景 S3 和情景 S0 下 COD_{Mn} 和 NH_4-N 浓度变化

注：箱型图中箱体代表 25 分位数和 75 分位数，须线代表 1 分位数和

99 分位数，箱体内黑线和黑圆点分别代表中位数和平均值。

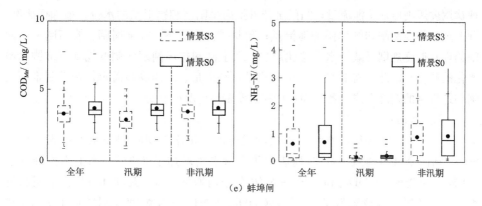

（e）蚌埠闸

图 4-20（二）　情景 S3 和情景 S0 下 COD_{Mn} 和 NH_4-N 浓度变化
注：箱型图中箱体代表 25 分位数和 75 分位数，须线代表 1 分位数和
99 分位数，箱体内黑线和黑圆点分别代表中位数和平均值。

对于全年和非汛期而言，闸门全开可增加槐店、颍上、临淮岗和蚌埠闸的平均流量、低流量和高流量，减少阜阳闸的平均流量、低流量和高流量。具体而言，阜阳和颍上闸的年水量变化较为显著，相应的变化率（η_{dam}）分别为19.6% 和 -23.8%；其他闸坝的年水量变化均不显著（$|\eta_{dam}|\leqslant5\%$）。除槐店闸外，其他闸坝非汛期流量的变化均较为显著（$|\eta_{dam}|>7\%$）。汛期为保证河道防洪需求，闸坝将加大闸门开启度，加大泄流量，因此，闸坝调度对汛期河道流量的影响相对较小，而对非汛期流量的影响较大。

闸门全开时，槐店闸、阜阳闸、临淮岗闸和蚌埠闸的平均水位、低水位和高水位变化均与流量变化相反。然而，颍上闸的水位与流量呈同步增加的变化趋势，全年、汛期和非汛期的变化率分别为 -12.5%、-8.8% 和 -14.3%。闸门全开情景下，阜阳闸和颍上闸的水位抬高了约 1.8m，槐店闸水位降低了约2.4m，临淮岗闸和蚌埠闸的水位降低了约 1.3m，各闸坝均以非汛期的水位变幅最大。

现状排污模式下，闸门全开可改善颍上闸和蚌埠闸的水质状况，对于全年和非汛期而言，颍上闸的 COD_{Mn} 和 NH_4-N 浓度变化最为显著（$18\%<\eta_{dam}<21\%$）；对于汛期而言，蚌埠闸的 COD_{Mn} 和 NH_4-N 浓度变化最为显著（$21\%<\eta_{dam}<27\%$）。闸门全开有加剧槐店闸、阜阳闸和临淮岗闸水质恶化的趋势，且对临淮岗闸非汛期 COD_{Mn} 和 NH_4-N 的浓度影响最为显著（$-36\%<\eta_{dam}<-33\%$）；阜阳闸仅汛期的 NH_4-N 浓度有所变化（$\eta_{dam}=7.0\%$），其他时期和指标变化可忽略不计（$-2.0\%<\eta_{dam}<0.0\%$）；槐店闸的指标变化较小（$-6.5\%<\eta_{dam}<-2.0\%$）。

总体而言，槐店闸、临淮岗闸和蚌埠闸的现状调度规则抬高了水位，阜阳闸现状调度规则增加了泄流量；闸门全开可抬高阜阳闸和颍上闸的水位，增加槐店闸、颍上闸、临淮岗闸和蚌埠闸的泄流量；现状排污模式下，临淮岗闸、槐店闸和阜阳闸的现状调度规则可减轻水质恶化趋势，颍上闸和蚌埠闸现状调度规则有加剧水质恶化的趋势，因此，需要结合流域现状排污和水量、水质联防需求，科学制定颍上闸和蚌埠闸的调度方式。各闸坝水情和水质变化情况见下文。

1. 槐店闸

以 2007—2008 年的水情和水质过程为例，相比于现状闸坝调度规则（情景 S0），闸门全开（情景 S3）时槐店闸年水量平均增加了 2.3%，闸上水位降低了 6.8%；相应地，COD_{Mn} 和 NH_4-N 浓度分别增加了 4.4% 和 4.5%。汛期水量增加了 0.9%，水位降低了 5.1%；COD_{Mn} 和 NH_4-N 浓度分别增加了 2.2% 和 6.1%。非汛期水量增加了 4.5%，水位降低了 7.7%；COD_{Mn} 和 NH_4-N 浓度分别增加了 5.3% 和 4.1%。因此，槐店闸非汛期主要以蓄水功能为主，具有抬高闸上水位的作用，汛期具有坦化洪峰的作用，闸门全开有助于泄流，闸上水位下降；此外，在现状排污情景下，槐店闸具有改善河道水质的作用，蓄水可增加河道的水环境容量，河道上游的高浓度污水排入河道后，可在闸上蓄积的水体内停留降解，而闸门全开后，尽管河道水体的流动性增强，但上游的高浓度污水直接排泄进入下游，会导致水质恶化。

2. 阜阳闸

相比于情景 S0，闸门全开（情景 S3）时阜阳闸年水量平均减少了 19.5%，水位抬高了 5.0%；COD_{Mn} 浓度几乎不变，NH_4-N 浓度增加了 1.8%。汛期水量减少了 9.8%，水位抬高了 5.4%；COD_{Mn} 和 NH_4-N 浓度分别增加了 0.7% 和 7.0%。非汛期水量减少了 41.0%，水位抬高了 4.8%；COD_{Mn} 浓度几乎不变，NH_4-N 浓度增加了 1.5%。为满足防洪和通航需求，阜阳闸常年以泄流为主，且非汛期需满足下游用水需求，闸门全开后，下泄流量减少，闸上水位上升；在现状排污情景下，阜阳闸具有改善河道水质的作用，阜阳闸常年保持泄流状态，水体流动性较强，自净能力较强，且上游河道排入的污染负荷在非汛期亦保持小流量下泄。

3. 颍上闸

相比于情景 S0，闸门全开（情景 S3）时颍上闸年水量增加了 23.6%，闸上水位抬高了 12.5%；COD_{Mn} 和 NH_4-N 浓度分别减少了 18.0% 和 20.0%。汛期水量增加了 8.5%，水位抬高了 8.7%；COD_{Mn} 和 NH_4-N 浓度分别减少了 15.0% 和 16.4%。非汛期水量增加了 63.0%，水位抬高了 14.6%；COD_{Mn} 和 NH_4-N 浓度分别减少了 19.2% 和 20.4%。颍上闸水位和流量同步变化，颍上闸非汛期以蓄水为主，保持低流量下泄，且时常为关闸状态，上游的阜阳闸非汛期也保持低流量下泄，阜阳—颍上河段被分割为单独的静止水体，汛期以泄流为主。颍上闸为满足防洪、供水和通航需求，全年保持蓄水和泄流交替的状态，情况较为复杂。闸门全开后，下泄流量增加，由于上游流量汇入该原独立河段，水位上升。阜阳闸持续低流量泄入阜阳—颍上河段，闸门全开后，水体流动性增强，河道的自净能力增强。

4. 临淮岗闸

相比于情景 S0，闸门全开（情景 S3）时临淮岗闸年水量增加了 1.1%，闸上水位降低了 4.6%；COD_{Mn} 和 NH_4-N 浓度分别增加了 25.3% 和 29.4%。汛期水量减少了 2.9%，水位降低了 3.6%；COD_{Mn} 和 NH_4-N 浓度分别增加了 10.1% 和 5.6%。非汛期水量增加了 13.9%，水位降低了 5.1%；COD_{Mn} 和 NH_4-N 浓度分别增加了 35.9% 和 33.9%。临淮岗闸的水文环境效应与槐店闸类似。

5. 蚌埠闸

相比于情景 S0，闸门全开（情景 S3）时蚌埠闸年水量增加了 4.2%，闸上水位降低了 9.5%；COD_{Mn} 和 NH_4-N 浓度分别减少了 12.1% 和 7.8%。汛期水量增加了 4.0%，水位降低了 4.2%；COD_{Mn} 和 NH_4-N 浓度分别减少了 21.4% 和 23.2%。非汛期水量增加了 5.0%，水位降低了 12.3%；COD_{Mn} 和 NH_4-N 浓度分别减少了 7.6% 和 6.1%。蚌埠闸非汛期以蓄水功能为主，汛期以坦化洪峰为主，闸门全开后下泄流量增加，闸上水位下降，现状排污情景下，闸门全开后水体的流动性增强，有助于增强河道的自净能力。

4.3.3 污染源和闸坝调控综合影响

基于率定好的耦合模型，分析闸门全开（情景 S3）和污染源削减 100%（情景 S4）等情景下流域 COD_{Mn} 和 NH_4-N 浓度变化过程，评估污染源和闸坝调控对流域水质变化的综合影响（图 4-18）。

相比于闸门全开（情景 S3），现状闸坝调度规则和污染源排放模式导致临淮岗闸、槐店闸和阜阳闸在全年、汛期和非汛期的水质浓度有所降低、水质恶化情势有所缓解（$-36\% \leqslant \eta_{dam} \leqslant 0$），颍上闸（$15\% \leqslant \eta_{dam} \leqslant 25\%$）和蚌埠闸（$6\% \leqslant \eta_{dam} \leqslant 25\%$）的水质浓度呈增加趋势。相比于现状条件（情景 S0），污染源削减导致流域 COD_{Mn} 和 NH_4-N 浓度在全年、汛期和非汛期的变化率（$\eta_{pollutants}$）为 20%~56%。其中，阜阳闸和蚌埠闸的变化率超过了 50%。

总体而言，流域水质变化主要受点源排污影响（12%~43%），非点源污染流失（0~23%）和闸坝调控（-29%~20%）次之。颍上闸现状调度规则对 COD_{Mn} 或 NH_4-N 浓度变化的影响（15%~20%）分别超过了点源污染排放（7%~32%）或非点源污染流失（1%~14%）的影响。闸坝调控对临淮岗闸全年和非汛期水质浓度变化的影响最大（25%~36%）。进一步分析了污染源和闸坝调控对水质变化的影响，对于不同区域应采用不同的水质管理措施治理水污染。槐店闸、临淮岗闸对水质恶化有遏制作用，相应河段水质恶化主要是由污染源排放引起的（$\hat{\varepsilon}_{\text{pollutants}}=1.0$）。阜阳闸对 COD_{Mn} 浓度的影响不显著，对 NH_4-N 浓度增加有轻微的遏制作用，水质恶化主要由污染源排放引起。因此，应优先考虑削减污染源和构建废污水排水管网来控制上述地区的水污染状况。颍上和蚌埠闸水质超标是由污染源排放和现状闸坝调控共同引起的，其中污染源排放对 COD_{Mn} 和 NH_4-N 浓度变化的综合贡献率 $\hat{\varepsilon}_{\text{pollutants}}$ 介于 $60\%\sim80\%$，且需特别关注非点源污染流失对蚌埠闸汛期水质变化的影响（$23\%\sim31\%$）。因此，应采取科学的防洪防污联防调度、污染源削减、排水管网建设、非点源污染治理等综合水质管理措施来改善上述地区水环境状况。

4.4　本章小结

本章以淮河中上游流域为研究区，构建了淮河水文-水动力-水质耦合模型，模拟了不同调控规则下流域水量水质过程，识别了多种人类活动对调控河网流量、水位、COD_{Mn} 和 NH_4-N 浓度变化的影响。本章的主要研究内容小结如下：

（1）耦合模型对流量过程较为敏感的参数包括地表非线性产流参数（g_1 和 g_2）、河道糙率（n）等，对 NH_4-N 和 COD_{Mn} 浓度较为敏感的参数还包括综合降解系数的温度系数（β_N、β_{COD}）、20℃时水质降解系数（$K_{20,N}$、$K_{20,COD}$）、河道水力坡度（J）和离散系数（α）等。

（2）耦合模型能较好地反映人工调控流域丰水年、平水年和枯水年的水文水质过程的变化情况。主要站点率定期和验证期的水位、流量、COD_{Mn} 和 NH_4-N 浓度模拟相对误差分别为 $\pm1.80\%$、$\pm30\%$、$\pm14\%$ 和 $\pm26\%$，平均相关系数分别大于 0.93、0.95、0.48 和 0.79，平均 Willmott 指数分别大于 0.95、0.97、0.90 和 0.68；水位和流量过程模拟的平均 Nash-Sutcliffe 效率系数分别大于 0.75 和 0.90。耦合模型可进一步用于淮河流域人类活动扰动评估。

（3）闸门全开可增加研究期间槐店闸、颍上闸、临淮岗闸和蚌埠闸全年和非汛期的平均流量、低流量和高流量，减少阜阳闸的平均流量、低流量和高流量；降低槐店闸、临淮岗闸和蚌埠闸的水位，抬高阜阳闸和颍上闸的水位；现状排污模式下，临淮岗闸、槐店闸和阜阳闸的现状调度规则可改善水质状况。

（4）除颍上闸和临淮岗闸以外，水质变化主要受点源排污（$12\%\sim43\%$）、非点源污染流失（$0\sim23\%$）和闸坝调控（$-29\%\sim20\%$）影响。闸坝调控对颍上闸水质变化的影响（$15\%\sim20\%$）超过了点源污染排放（$7\%\sim32\%$）或非点源污染流失（$1\%\sim14\%$）。闸坝调控对临淮岗闸水质变化（汛期除外）的影响最大（$25\%\sim36\%$）。应采取科学的防洪防污联防调度、污染源削减、排水管网建设、非点源污染治理等综合水质管理措施改善区域水环境状况。

第 5 章
坡面非线性降水-径流-污染负荷量化分析

坡面水及污染物运移是流域环境水文过程的重要环节，与河网水流运动、污染物的迁移转化存在动态的水力连接，是导致河道水质恶化的重要污染源之一。降水-径流过程存在复杂的非线性特质，准确刻画坡面水和污染物对降水的非线性响应，并量化坡面污染负荷对河道水质的影响，关系着流域水量水质耦合模拟的精度，以及流域水量水质综合管理和水环境治理措施的制定和实施。本章基于构建的调控河网水文-水动力-水质耦合模型，分析了非线性降水径流响应和污染物运移的规律，量化了坡面环境水文过程对河道水质变化的影响，对描述流域坡面及河道间的动态连接过程及进行坡面污染负荷管理具有一定的参考价值。

5.1 坡面降水-径流和污染负荷过程模拟

坡面水流运动极为复杂，多呈过渡流形态，其机理过程尚难以准确描述，同时，伴随降水脉冲从土壤表层释放进入坡面水流的地表污染物运移过程也较为复杂，受降水、下垫面土壤和土地利用性质、水文条件等影响。为分析坡面径流和坡面污染负荷过程的运移规律，需得到区间坡面径流和污染负荷过程。

采用系统分析的方法，以各区间上、下断面的流量过程作为其流量输入和输出，通过河道马斯京根流量演算方法，反推区间入流过程，计算如下所示。其中，河道流量演进采用淮河水利委员会水文局（信息中心）给定的演算系数计算。

$$q(t) = Q_2(t) - Q_1'(t) \tag{5-1}$$

$$Q_1'(t) = C_0 Q_1(t) + C_1 Q_1(t-1) + C_2 Q_1'(t-1) \tag{5-2}$$

式中：$q(t)$ 和 $Q_2(t)$ 分别为 t 时刻的区间流量和下断面流量，m^3/s；$Q_1(t-1)$ 和 $Q_1(t)$ 分别为 $t-1$ 时刻和 t 时刻的上断面流量，m^3/s；$Q_1'(t-1)$ 和 $Q_1'(t)$ 分别为上断面流量经过马斯京根法演算到下断面的 $t-1$ 时刻和 t 时刻流量，m^3/s；C_0、C_1 和 C_2 为演算系数。

基于非线性降水-径流-污染负荷方程，以实测面降水过程为输入，率定模块参数，得到各区间 1mm 地面净雨所形成的地表径流单位线（UHQ）和污染负荷单位线（UHCOD、UHN），以及模拟的区间水及污染负荷运移过程。其中，王家坝和蚌埠区间的地表径流和地表污染负荷率单位线过程示例如图 5-1 所示。

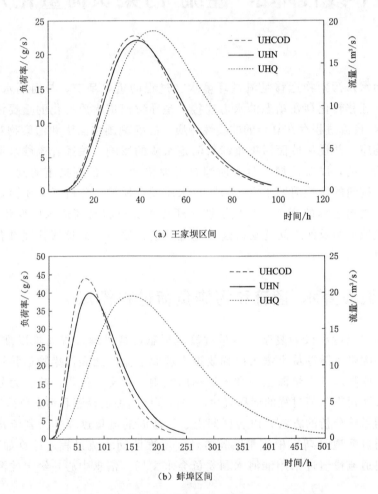

（a）王家坝区间

（b）蚌埠区间

图 5-1　地表径流和地表污染负荷率单位线过程示例

2004 年、2007 年和 2008 年的反推区间径流过程与模拟径流过程总体趋势一致（图 5-2），但反推得到的流量过程并不完全为区间暴雨所产生的径流过程，也包括人类工农业排水量和蓄滞洪区滞纳的水量等。总体而言，非线性降水-径流-污染负荷方程能较好地模拟流域坡面的产、汇流过程，可用于定量分析不同因素对坡面水及污染物过程的影响。

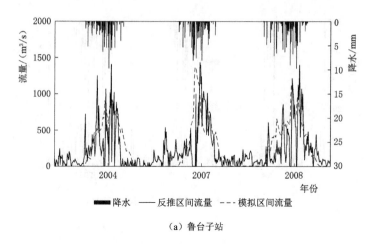

（a）鲁台子站

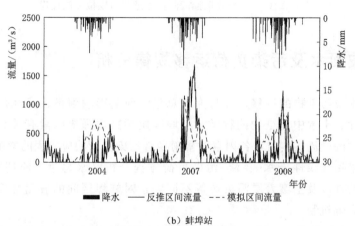

（b）蚌埠站

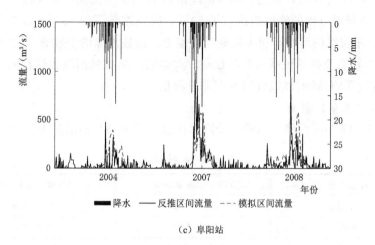

（c）阜阳站

图 5-2（一）　部分反推区间径流过程与模拟径流过程

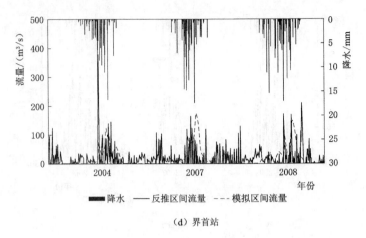

（d）界首站

图 5-2（二）　部分反推区间径流过程与模拟径流过程

5.2　坡面水及污染负荷运移规律分析

坡面水及污染物的运移过程与降水总量、前期影响雨量、降水强度以及下垫面的特性、土壤中污染物的种类、土壤表层污染源强等因素有关。尤其是考虑到非线性的产流机制时，各因素对暴雨径流污染负荷响应方程的影响也各异。

本节采用非线性降水-径流-污染负荷方程分析降水总量、前期影响雨量、下垫面的特性以及土壤表层污染源等不同因素对蚌埠区间的坡面暴雨径流和污染负荷的影响机制。

从图 5-1 可看出，相比于蚌埠区间的地表径流单位线，COD_{Mn} 和 NH_4-N 地表污染负荷单位线的峰值约提前了 50%，底宽缩短了约 55%。参数 N、k 对 Nash 瞬时单位线的形状有较大影响，类似地，线性水库的个数 N 以及调蓄参数 $k+kx^{-1}$ 对污染负荷单位线的形状也有较大影响。场次暴雨洪水过程的非线性特质，可通过 TVGM 的非线性时变产流过程描述。

1. 降水总量的影响

以连续 12 小时的降水总量划分降水等级，等级划分标准见表 5-1。

表 5-1　　　　　　　　　　降水等级划分表

降水等级	12h 降水总量/mm	24h 降水总量/mm
小雨	0.1～4.9	0.1～9.9
中雨	5.0～14.9	10.0～24.9
大雨	15.0～29.9	25.0～49.9

续表

降水等级	12h降水总量/mm	24h降水总量/mm
暴雨	30.0～69.9	50.0～99.9
大暴雨	70.0～139.9	100.0～249.9
特大暴雨	≥140.0	≥250.0

　　分析 2008 年的前期影响雨量过程，以 2008 年 4 月 21 日 2 时前的降水过程所产生的前期影响雨量（API）为背景值，即：$API=0.35\text{mm}$，前期降水已补充土壤湿度，可保证当前时刻的降水产生相应的地表径流过程。以 2008 年 4 月 21 日 3—14 时连续 12 小时的降水总量（P）分别为 4.9mm、14.9mm、29.9mm 和 69.9mm，相应的时段平均雨强分别为 0.41mm/h、1.24mm/h、2.49mm/h 和 5.83mm/h。以此分析在相同前期影响雨量条件下，不同降水等级对坡面产汇流和污染负荷过程的影响（表 5-2）。由于 TVGM 的地表产汇流模块考虑了降水径流转化过程的非线性特质，因此，主要分析降水量对坡面地表径流和相应的地表污染负荷率的影响。相比于小雨而言，随着降水总量的增加，地表径流量逐渐增加、峰值增加、峰现时间延迟；地表污染负荷率呈现类似的变化，且增幅为非线性关系。随着降水总量的增加，前期影响雨量也逐渐增加，TVGM 模型中认为降水产流的非线性特质主要来源于前期影响雨量的不同，随着降水过程中前期影响雨量的增加，降水所产生的净雨量也不断增加，导致场次洪水过程重心不断后移，峰现时间延迟，峰值逐渐增加，从而也体现了 TVGM 降水产流过程的非线性特质。

表 5-2　不同降水等级下地表径流和污染负荷率的峰现时间和峰值对比

降水等级	地表径流		COD$_{Mn}$负荷率		NH$_4$-N负荷率	
	峰现时间/h	峰值/倍	峰现时间/h	峰值/倍	峰现时间/h	峰值/倍
小雨	—	—	—	—	—	—
中雨	7	1.8	10	1.8	11	1.8
大雨	12	4.2	16	4.2	16	4.2
暴雨	15	17.8	20	17.8	19	17.7

　　同样地，该非线性特质也影响地表径流所携带的污染物负荷过程，降水初期，地表污染物溶解进入表层水流，污染物浓度不断增加，而后，随着污染物的流失和水流的稀释作用，水流中污染物浓度逐渐减少。随着降水总量的增加，污染负荷峰值不断增加，而峰现时间也不断推迟。总体而言，污染物负荷的峰现时间均晚于地表径流。由此可推断，坡面污染负荷的产生和输移过程要滞后于地表水流的运动，这是由于污染物存在于地表土层中，随着地表有效降雨的

浸提作用，从土壤中逐渐释放进入地表水流中，该污染物吸收释放动力学过程滞后于水流运动。

2. 前期影响雨量的影响

流域降水过程经过一系列的水文过程才能产生地表径流过程。由于 $Rs = g_1 + g_2 API(t)$，当前期影响雨量较小时，降水并不能直接产生地表径流，当 $API > -g_1/g_2$ 时，才能产生非线性降水产流过程。取 API 为 0.35mm、0.40mm 和 0.45mm，同时选取连续 12 小时降水总量为 10mm、15mm 和 70mm，分析前期影响雨量的影响。

不同前期影响雨量下地表径流和污染负荷率的峰现时间和峰值对比见表 5-3。随着前期影响雨量的增加，一定降水量产生次洪的峰现时间逐渐推迟，洪峰流量不断增加，污染负荷的峰现时间和峰值也呈现相同的变化趋势。由于前期影响雨量逐渐增加，相同降水产生的地表净雨量逐渐增加，地表产流系数也逐渐加大，场次洪水的峰现时间相应推迟。地表径流作为溶解态污染物输移、运动的载体，也将直接影响污染负荷的汇集过程。随着降水总量的增加，坡面降水产流的非线性特性逐渐减弱，洪峰峰现时间延迟的时间逐渐缩短，当降水级别达到暴雨（$P=70mm$）时，地表径流的峰现时间差异仅为 1h，而污染物负荷的峰现时间相同，前期影响雨量仅对洪量和污染负荷总量有影响。

表 5-3　不同前期影响雨量下地表径流和污染负荷率的峰现时间和峰值对比

降雨量 /mm	API /mm	地表径流		COD_{Mn} 负荷率		NH_4-N 负荷率	
		峰现时间 /h	峰值 /倍	峰现时间 /h	峰值 /倍	峰现时间 /h	峰值 /倍
10	0.35	—	—	—	—	—	—
	0.40	5	1.33	4	1.33	4	1.33
	0.45	11	2.29	11	2.29	9	2.29
15	0.35	—	—	—	—	—	—
	0.40	1	1.36	3	1.36	3	1.36
	0.45	4	2.18	3	2.18	3	2.18
70	0.35	—	—	—	—	—	—
	0.40	1	1.36	0	1.36	0	1.36
	0.45	1	2.18	0	2.18	0	2.18

3. 下垫面特性的影响

将流域概化为一个线性串联水库系统，该系统包括固、液两相。在降水过程中，污染物从流域表层土壤中（固相）释放进入地表径流（液相）中，并随水流运动输移进入河网水系。在不同下垫面覆盖情况下，土壤中污染物的释放速率并不一致，污染负荷率单位线的形状将会变化，而且将引起不同的污染负荷运移规律。在相同的前期影响雨量下，将 COD_{Mn} 的土壤释放补给速率 $k_{x,COD}$ 分为 $0.020h^{-1}$、$0.025h^{-1}$、$0.030h^{-1}$ 和 $0.0375h^{-1}$ 四个级别，将 NH_4-N 的土壤释放补给速率 $k_{x,N}$ 分为 $0.0166h^{-1}$、$0.0208h^{-1}$、$0.0250h^{-1}$ 和 $0.0312h^{-1}$ 四个级别，分析降水总量为 15mm 和 70mm 时污染负荷的输移规律。当 k_x 增加时，污染物的流域滞时参数 $(k+k_x^{-1})$ 减小，单位线的峰值增高，峰现时间提前（图 5-3）；当 k_x 减小时，单位线的峰值减小，峰现时间推迟。

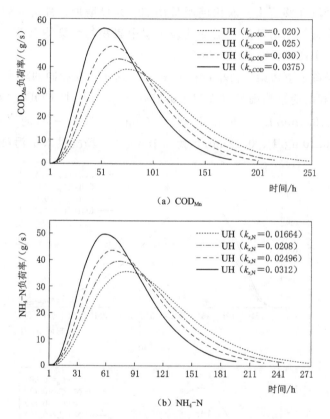

图 5-3 不同污染物释放系数下污染负荷率单位线

由于 NH_4-N 污染负荷的变化不显著，所以，仅选取 COD_{Mn} 地表污染负荷过程分析。降水总量为 10mm 时，相比于 $k_x=0.02h^{-1}$，$k_x=0.025h^{-1}$、$k_x=0.030h^{-1}$ 和 $k_x=0.0375h^{-1}$ 时，COD_{Mn} 负荷过程的峰值分别增加了 0.94%、1.28% 和 1.47%，峰现时间分别提前了 3h、4h 和 4h。降水总量为 70mm 时，相比于 $k_x=0.02h^{-1}$，COD_{Mn} 负荷过程的峰值分别增加了 0.94%、1.28% 和 1.47%，峰现时间分别提前了 2h、3h 和 3h。暴雨时的 COD_{Mn} 负荷过程的峰值是中雨

的 17.75 倍，峰现时间延迟了 21h。k_x 增加时，污染物从土壤表层进入地表径流的速率增加，污染物的流域滞时参数减小，即流域对污染负荷的调蓄能力减弱，线性水库的调节次数减少，类似于 Nash 单位线中 k 对单位线形状的影响。

4. 土壤表层污染源的影响

地表污染负荷源主要来源于自然循环过程和人类活动干扰，后者主要包括农田施肥、城市地表沉积物、散养牲畜粪便、农村生活污水以及矿区废弃物等。土壤可保持、改变、分解或吸收污染物。降水过程中，地表累积的污染物通过地表或地下径流迁移流失。农田施肥量增加、人口增加、牲畜养殖规模扩大而配套设施不完善等，均可显著增加地表土层中累积的污染物负荷，污染物在土壤和径流中的平衡过程亦随之发生变化。

不同污染源强下污染负荷率过程如图 5-4 所示。在相同的降水（暴雨等级，$P=70\text{mm}$）和前期影响雨量（$API=0.3546\text{mm}$）下，将 COD_{Mn} 的平衡浓度分为 6.4mg/L、8.0mg/L、9.6mg/L 和 12.0mg/L，NH_4-N 的平衡浓度分为 0.08mg/L、0.10mg/L、0.12mg/L 和 0.15mg/L。场次洪水中污染负荷的峰值

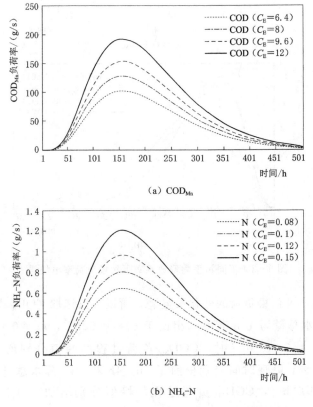

图 5-4　不同污染物源强下污染负荷率单位线

增幅与污染源强的增幅大体一致，峰现时间也一致。因此，污染源强仅影响污染负荷的总量，并不影响污染负荷的时程分配过程。

5.3 坡面污染源影响分析

基于率定好的调控河网水文-水动力-水质耦合模型，在相同的气象水文条件、模型边界条件和污染源汇条件下，模拟无坡面污染负荷汇入河网情景下的水质过程，并与有坡面污染源项时的水质过程对比，可得到坡面污染源对河流水质变化的影响。由于缺乏沙颍河 2004 年监测资料，仅分析坡面污染源对 2007 年和 2008 年河道水质的影响。如图 5-5 和图 5-6 所示，无坡面污染负荷汇入

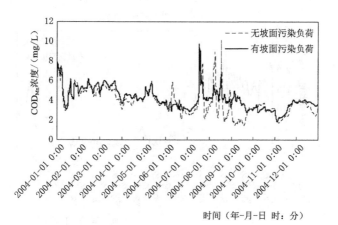

（a）2004年COD$_{Mn}$浓度

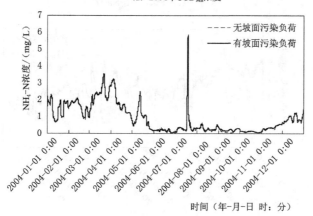

（b）2004年NH$_4$-N浓度

图 5-5（一） 不同情景下鲁台子站水质浓度过程

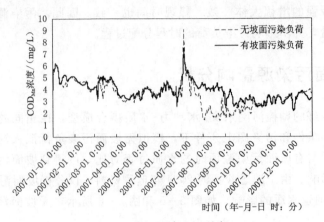

(c) 2007年COD$_{Mn}$浓度

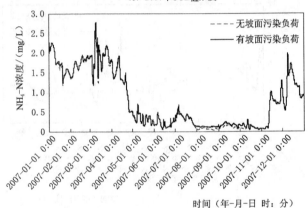

(d) 2007年NH$_4$-N浓度

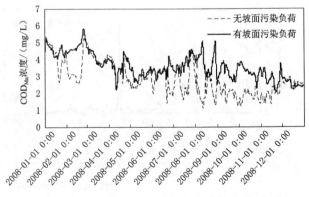

(e) 2008年COD$_{Mn}$浓度

图 5-5（二）　不同情景下鲁台子站水质浓度过程

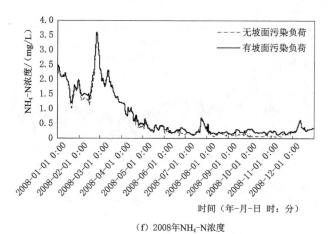

（f）2008年NH₄-N浓度

图 5-5（三）　不同情景下鲁台子站水质浓度过程

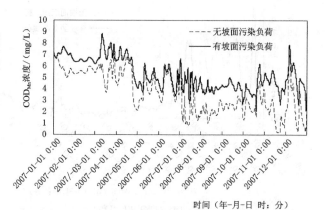

（a）2007年COD_Mn浓度

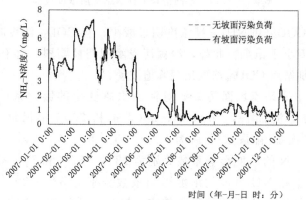

（b）2007年NH₄-N浓度

图 5-6（一）　不同情景下颍上站水质浓度过程

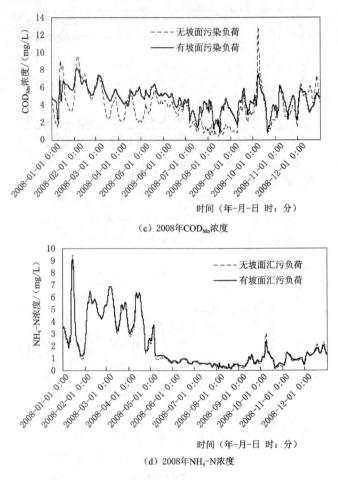

（c）2008年COD_Mn浓度

（d）2008年NH_4-N浓度

图 5-6（二） 不同情景下颍上站水质浓度过程

河网时，汛期 COD_{Mn} 和 NH_4-N 浓度明显减少，且 COD_{Mn} 浓度减少幅度更大，非汛期减少幅度小于汛期。此外，沙颍河受闸坝调控剧烈，由于水动力演算数值震荡导致个别站点 COD_{Mn} 浓度出现峰值波动。

淮河流域主要站点坡面污染源对河流水质变化的影响系数如图 5-7 所示。对于淮河干流而言，2004 年、2007 年和 2008 年尺度下，COD_{Mn} 和 NH_4-N 的浓度影响系数分别为 7%～25% 和 1%～7%；汛期尺度下，COD_{Mn} 和 NH_4-N 的浓度影响系数分别为 13%～37% 和 2%～18%；非汛期尺度下，COD_{Mn} 和 NH_4-N 的浓度影响系数分别为 5%～20% 和 1%～6%。由于上游区域坡面污染负荷的累积效应，导致河道沿程水质指标的浓度影响系数呈逐渐增加的趋势。

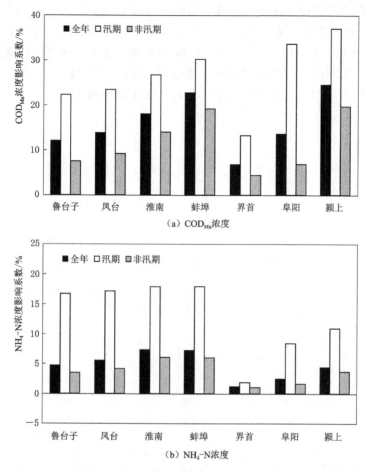

图 5-7 淮河流域主要站点坡面污染源对河流水质变化的影响系数

5.4 本章小结

  本章采用提出的非线性降水-径流-污染物响应方程模拟了淮河流域坡面降水径流过程,与反推得到的区间流量过程总体趋势一致,说明能较好地模拟流域坡面的产、汇流过程。

  基于非线性降水-径流-污染物响应方程,得到坡面径流单位线和污染负荷单位线过程,以蚌埠区间为例,定量分析了降水总量、前期影响雨量、下垫面特性以及土壤表层污染源强等因素对坡面水及污染物运移过程的影响。

  基于构建的调控河网水文-水动力-水质耦合模型,定量分析了坡面污染源对河道水质变化的影响。2004年、2007年和2008年尺度下,淮河干流坡面污

染源对河道 COD_{Mn} 和 $NH_4 - N$ 浓度的影响系数分别为 $12\% \sim 23\%$ 和 $4\% \sim 8\%$；汛期尺度下影响系数分别为 $22\% \sim 31\%$ 和 $16\% \sim 18\%$；非汛期尺度下影响系数分别为 $7\% \sim 20\%$ 和 $3\% \sim 6\%$。2007 年和 2008 年尺度下，沙颍河坡面污染源对河道 COD_{Mn} 和 $NH_4 - N$ 的浓度影响系数分别不超过 25% 和 5%；汛期尺度下分别不超过 38% 和 11%；非汛期尺度下分别不超过 20% 和 4%。

第6章
流域非点源污染对气候变化的响应研究

营养物流失已日益成为流域水污染的重要来源之一,尤其是在全球气候变化和生物多样性锐减的背景下,已严重威胁了流域水环境状况。伴随着水循环过程,流域尺度非点源污染物的产生及迁移转化机理复杂,受到气象水文条件、土壤理化性质、土地利用与管理措施等不同因素的影响。在气候变化背景下,动态描述和量化不同污染源对流域非点源污染的贡献,对非点源污染的控制与管理具有重要的意义。新安江流域是千岛湖的源头和杭州市的主要供水水源,森林覆盖率较高,也是我国实施生态补偿机制的首批试点流域,流域水生态环境保护至关重要。本章基于流域尺度非点源污染模型模拟污染物的运移过程,识别营养物流失的关键区域,度量气候变化对流域非点源污染的影响,为流域水污染防治和气候变化应对提供了参考。

6.1　研究区与数据

6.1.1　研究区概况

新安江流域地处我国东部,为钱塘江上游水系,且为杭州市的主要供水水源地。新安江发源于安徽省休宁县境内的怀玉山主峰六股尖,跨越安徽和浙江两省,自西向东汇入千岛湖(即新安江水库),之后与兰江汇合为富春江,经钱塘江在杭州湾注入东海。新安江流域西北邻黄山和长江,东南以天目山和白际山为邻。流域总面积约 $11674km^2$,其中,安徽省和浙江省境内流域面积分别约占 53.63% 和 46.37%。安徽省境内新安江位于东经 $117°36'\sim118°57'$,北纬 $29°21'\sim30°13'$ 之间,干流长约 242.3km,占全流域干流总长的 67.5%,与长江、淮河一起构成安徽省境内的三大水系。本章以安徽省境内新安江流域为主要研究区。

1. 地形地貌

新安江流域位于皖南丘陵山地,多为中低山区,海拔为 $700\sim1200m$,地势由周边向北部逐渐降低,相对高差较大,地势较陡。山地之间,地势较为低下,发育有黟县、休宁县、屯溪和徽歙盆地等。其中，位于黄山和白际山间的休歙（徽州）盆地主要包括休宁县、屯溪县、歙县和绩溪县，主要由盆底平原、台地、盆缘丘陵和低山等构成，其中，盆缘地区海拔为 300～600m，坡度为 25°～30°。位于皖南丘陵山地中部的低中山区主要包括黟县、祁门县、休宁县、歙县、绩溪县、旌德县等，山区坡度较陡，为 35°～40°。位于安徽、浙江两省接壤处的南部中低山区主要包括休宁县、歙县、绩溪县等，东部为中低山聚集区，西部为中低山和丘陵区，山地海拔为 900～1500m，其中，五股尖高达 1618m。

2. 土壤植被

新安江流域主要的土壤类型为铁铝土、初育土和水稻土，主要的土地利用类型为林地和耕地。其中，低山、丘陵等地区以红壤土为主，其所属区域具有高温多雨、干湿季节分明的特点，多种植有次生林、人工用材林和经济林等，但由于管理不善，水土流失现象较为严峻。黄山市境内多分布有黄壤土，其所属区域具有气候温暖湿润、干湿季节不分明的特点，多为亚热带常绿阔叶林等自然植被。黄壤土较适合茶树生长，也是黄山松、杉木、毛竹等的生产基地。

休宁盆地和屯溪盆地周边的低山丘陵地带多分布有紫色土，其所属区域气候较为温暖湿润，农田区多种植小麦、大豆、玉米等作物，但产量偏低，自然条件下多生长有稀疏草地、灌木丛等植被。紫色土土质较为松软，水土流失现象较为严重，且土壤含磷量较低。粗骨土在流域内分布较散，多位于陡峭山地，其所属区域降水较为充沛，多生长次生灌木丛、马尾松、杂木和草地等，植被覆盖度较低。裸土或毁林开荒地带，夏季强降雨易于侵蚀冲刷土壤。土壤土层较薄，砂土含量高，养分较为贫乏。

水稻土多分布在河谷地带和山间盆地，所属区域多为气候温热、降水充沛和无霜期长的地带，有利于水稻和小麦的生长。水稻土受农田耕作和施肥等人为影响，逐渐由其他如红壤和黄壤土等发展而来，其性状受耕作制度、耕作方式和生产水平的不同而各异。所种植水稻多为两季轮作水稻。

3. 水文气象

新安江流域属于亚热带季风气候，且雨热同期、四季分明、降水充沛、无霜期长。多年平均气温为 15.4～16.4℃，最高和最低月平均气温分别为 28.9℃ 和 5.8℃，极端最高和最低气温分别达到 42℃ 和 −13.5℃。多年平均相对湿度为 78%，夏季较高，冬季最低。多年平均日照时数为 1800～2000h，太阳辐射量为 105～115kcal/cm，10℃ 以上年积温为 4800～5200℃，休宁、屯溪盆地为安徽省第二高温区。多年平均水面蒸发量为 851mm，5—8 月蒸发量约占全年蒸发量的 50%。研究区位于安徽省的多雨中心之一，多年平均年降水量约 1752mm，降水年内分布较不均匀，其中，4—7 月降水量较多，占全年降水量的 55.8%，6 月降水量最多，12 月降水量最少。年降水呈现由南向北减少、由上游向下游减少、由山区向盆地减少的趋势。多年平均径流深为1014mm，汛期径流深约占全年的65%，径流深的空间分布与降水基本一致。流域人均水资源量为6405m³，明显高于全国及安徽省人均水资源量。由于新安江流域植被覆盖率较高，具有较好的涵养水源的功效，枯水期无断流现象。新安江多年入新安江水库的水量约占入库总水量的60%以上。

4. 河流水系

新安江主要由率水和横江两大支流组成。南部率水为新安江最大的一条支流，且为新安江主源，由安徽省屯溪县汇入新安江，集水面积为1512km²，占流域总面积的23.4%，河长为138km。北部横江为第二大支流，发源于黟县的白顶山，与率水经由屯溪汇合成为新安江，集水面积为997km²，占流域总面积的15.4%，河长为75km。此外，新安江流域的一级支流还包括练江、昌溪、汊水河、大洲源等，集水面积占比分别为24.4%、7.0%、4.5%和2.4%。新安江两岸支流众多，大小支流共计643条。支流源头较短、坡降陡峭、水流湍急。新安江为安徽省境内河网密度最大的河流，且尤以左岸水系最为密集。

5. 社会经济

研究区跨越安徽省歙县、屯溪区、徽州区全境，以及黄山区、祁门县、休宁县、黟县和绩溪县部分地域。研究区2000年总人口为129.82万人，其中农业人口占总人口数的81%，人口密度为201人/km²，流域万元GDP用水量为531t/万元。主要种植的作物包括林木、茶叶、果园、水稻、小麦、大豆、玉米、棉花。研究区所处的皖南山区耕地面积仅占全省的5.57%，其中，水田占耕地面积的87.9%，双季稻的种植面积占水稻面积的60%以上，且产量较高，是皖南山区的重要粮仓。皖南茶叶是山区的支柱产业之一，尤以祁门红茶、屯溪绿茶等较为出名。流域内黄山市的茶园面积约为340km²，茶叶产量占全省的60.4%。

6. 水环境现状

新安江流域入河污染物主要包括工业、城镇生活点源污染、农业面源污染、农村居民点生活污水和牲畜养殖等。研究区2010年化学需氧量、氨氮、总氮和总磷的排放量分别为21870.9t、2812.3t、5920.9t和616.3t。工业污染、生活污水和农业耕地施肥对化学需氧量的贡献率分别为15.0%、56.1%和28.9%，对氨氮的贡献率分别为12.5%、49.4%和38.1%；总氮和总磷负荷主要来源于农田施肥。已有研究发现，目前非点源污染流失主要来源于土壤侵蚀（66%）、农业面源污染（23%）、牲畜养殖（5%）和居民点生活污水（1%）等。虽然流域内水质监测断面的水质状况良好，但水质呈逐年恶化的趋势，相比于2006年，2010年省界断面COD_{Mn}、NH_4-N和TN浓度分别增加了73%、32%和14%，入库的COD_{Mn}和NH_4-N分别增加了60%和3%。由于入库水质较差，千岛湖（新安江水库）已呈中营养状态，1998 年、1999 年曾暴发了大面积蓝藻水华，2004—2005 年、2007 年和 2010 年分别出现曲壳藻、束丝藻和鱼腥藻异常繁殖。流域内污水处理厂及管网建设极不完善，点源废污水未经处理便直接排入河道。流域内水土流失面积占流域总面积的 26.91%，坡耕地和侵蚀沟的土壤侵蚀最为严重。研究区内生态资源十分丰富，但属于生态环境极为敏感的经济欠发达地区，是浙江省、安徽省和长三角地区的重要生态屏障。随着安徽省注重地方经济的发展，流域水环境污染情势日益加重，政府间通过推进生态补偿机制来促进流域上下游、安徽省与浙江省经济的协调发展。

6.1.2 数据收集

新安江流域 SWAT 模型的建立需要大量基础数据的支撑，包括数字高程模型、水系、土地利用、土壤、水文气象数据、水质数据、社会经济数据等。收集的基础数据列表见表 6-1。

表 6-1　　　　　　　　　　　　　收集的基础数据列表

数据类型	尺 度	数 据 属 性
DEM	网格：30m×30m	高程、坡度、坡长
土地利用类型	网格：30m×30m	土地利用分类
土壤类型	1:1000000	土壤分类及其理化数据
雨量站	48 个站点（2000—2010 年）	日降水量
气象站	3 个站点（2000—2010 年）	日最高最低气温、风速、相对湿度、日照时数
水文站	6 个站点（2000—2010 年）	月径流过程
水质断面	3 个站点（2000—2010 年）	月泥沙、总磷、总氮等水质指标浓度
点源排污	10 个站点（2000—2010 年）	年有机氮、硝酸盐和氨氮排放量等
社会经济	13 个县级行政区（2005 年、2008 年和 2009 年）	化肥使用量、牲畜存栏数、人口等

1. 地理信息数据

流域 DEM、土地利用类型和土壤类型等空间数据均采用 Albers 投影坐标系。由于土地利用/植被覆盖数据库参数难以获取，一般采用美国国家地质调查局的土地利用分类系统，并根据研究区的实际情况作相应转化。研究区的土地利用类型包括有林地（FRST）、其他林地（ORCD）、平原水田（RICE）、高覆盖草地（RNGB）、城镇用地（URHD）、农村居民点（URML）、水域（WATR）和旱地（WWHT），需按 SWAT 模型土地利用数据库进行重分类（即括号内土地利用类型），相关的植被参数根据模型自带的植被数据库中的参数值确定。如表 6-2 所示，流域内土地利用以 FRST 为主，即森林覆盖率较高。

表 6-2   新安江流域土地利用面积占比

土地利用类型名称	土地利用类型代码	面积占比/%
有林地	FRST	69.69
平原水田	RICE	15.03
高覆盖草地	RNGB	14.44
其他林地	ORCD	0.54
水域	WATR	0.05
城镇用地	URHD	0.01
农村居民点	URML	0.01
旱地	WWHT	0.23

由于美国和中国的土壤物理、化学性质差别较大，需根据流域的实际情况建立用户土壤数据库。如表 6-3 所示，流域内以铁铝土为主，约占流域面积的 70%。

表 6-3   新安江流域土壤类型面积占比

土壤类型	面积占比/%	土壤类型	面积占比/%
粗骨土	8.59	初育土	10.09
水稻土	11.64	湖泊、水库	0.05
铁铝土	69.63		

2. 水文气象数据

SWAT 模型运行需要日尺度的降水量、最高气温、最低气温、太阳辐射、风速和相对湿度等水文气象数据。若流域气象站点监测系列不连续或监测站点较少等，可采用 SWAT 模型内置的 WXGEN 天气发生器，插补缺失的部分气象数据，或者基于多年平均的月气象参数生成模拟的气象数据。研究区站点及子流域分布如图 6-1 所示。研究区内共建有 48 个雨量监测站，空间分布较为均匀。此外，还设有 3 个国家气象监测站。

研究区共有三阳坑、临溪、渔梁、新亭、屯溪和月潭 6 个水文站。此外，渔梁和屯溪 2 个站点同时监测泥沙、总氮和总磷等水质资料。研究区共划分了 71 个子流域和 363 个水文响应单元，其中子流域面积为 3.60～204.10km²，水文响应单元划分的土地利用和土壤阈值均为 30%。

3. 污染源调查与分析

通过调研和查阅相关文献，新安江流域非点源污染的来源主要包括农作物施肥、畜禽养殖以及农村生活污水等。基于化肥折存量、畜禽粪便以及农村生活污水等折算获得的流域非点源污染数据，均通过模型加载到对应的管理文件中。

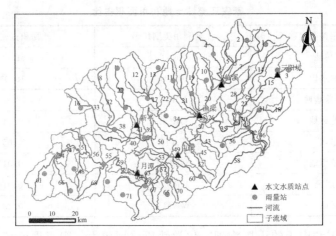

图 6-1   新安江流域站点及子流域分布图

（1）农村生活污水。研究区共包括 8 个行政区（县），即：祁门县、黟县、绩溪县、歙县、黄山区、屯溪县、休宁县和徽州区，行政区划面积在 93.46～2035.86km² 之间，多年平均农村人口密度为 65～191 人/km²，其中，密度最低和最高的县分别为祁门县和歙县。近年来，研究区内各区县的农村人口较为稳定，因此，采用多年平均农村人口折算农村居民点的非点源污染物，包括总氮、总磷、氨氮、五日生化需氧量等。流域内乡村较为分散，且未建有城镇下水道系统，因此，将农村生活污水和垃圾等未经管网收集和处理的污染源折算后输入模型中。通过调研可知，2005 年、2008 年和 2009 年安徽省农村居民生活日用水量分别为 68L/d、75.9L/d 和 68L/d，生活污水中总氮、总磷、氨氮、五日生化需氧量等污染物的负荷分别为 6.4g/(d·人)、1.3g/(d·人)、3.2g/(d·人) 和 41.35g/(d·人)。

（2）农业化肥。新安江流域主要施用的农业化肥包括氮肥、磷肥和复合肥。其中，复合肥的主要形式为 $N:P_2O_5:K_{20}=30\%:65\%:5\%$。2008 年和 2009 年相比于 2005 年各区县化肥施用折纯量分布如图 6-2 所示。相比于 2005 年各区县的化肥折纯量，2008 年除歙县（183%）、绩溪县（129%）和婺源县（141%）略有增加外，其余各区县均基本保持不变；2009 年除休宁县（135%）、绩溪县（148%）有所增加外，其余各县则基本保持不变。因此，研究时段内取各区县多年平均的化肥施用量作为农田耕作型非点源污染物的来源。

流域内森林覆盖率较高，约 70% 的流域面积为森林，而 15.8% 的流域受到农业生产活动的干扰。茶树、冬小麦和水稻的种植面积分别占流域面积的 0.6%、0.23% 和 15%。因此，研究区主要考虑茶树、一年一熟冬小麦和一年两熟水稻作物的种植与农田管理，研究区农田管理措施如表 6-4 所示。研究区内水

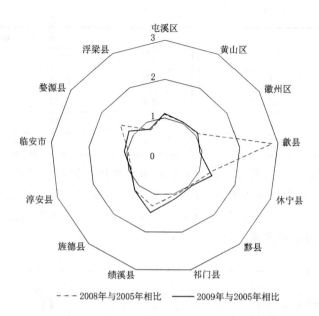

- - - 2008年与2005年相比　　—— 2009年与2005年相比

图 6-2　2008 年和 2009 年相比于 2005 年各区县化肥施用折纯量分布

稻为一年两熟品种，每年 3 月和 7 月种植水稻，施用基肥（TN：31.31kg/hm²，TP：5.95kg/hm²），并分别在 4 月和 8 月对水稻追肥（TN：46.97kg/hm²，TP：8.93kg/hm²），分别于 7 月及 11 月收割水稻。研究区小麦品种为冬小麦，每年10 月上旬种植小麦，施用基肥（TN：78.28kg/hm²，TP：29.76kg/hm²），1月进行追肥（TN：78.28kg/hm²），并在 6 月上旬收割小麦。每年 10 月中旬至11 月上旬对茶树苗施用基肥（TN：78.28kg/hm²，TP：29.76kg/hm²），并在春茶开采前一个月（TN：39.14kg/hm²）、春茶采摘后（TN：19.57kg/hm²）及秋茶采摘（TN：19.57kg/hm²）前 15～20d，分别追施速效性化肥。

表 6-4　　　　　　　　研究区农田管理措施

作物	日　期	管理措施	施肥量/(kg/hm²)	
			TN	TP
水稻	3月1日、7月5日	种植、施基肥	31.31	5.95
	4月1日、8月1日	追肥	46.97	8.93
	7月1日、11月1日	收割	—	—
冬小麦	10月15日	种植、施基肥	78.28	29.76
	1月1日	追肥	78.28	0.00
	6月1日	收割	—	—

续表

作物	日　　期	管理措施	施肥量/(kg/hm²)	
			TN	TP
茶树	11 月 1 日	基肥	78.28	29.76
	2 月 1 日	追肥	39.14	0.00
	3 月 25 日	追肥	19.57	0.00
	7 月 15 日	追肥	19.57	0.00

（3）畜禽养殖。安徽省各区县主要养殖的畜禽包括：大牲畜（牛、马、驴、骡等）、猪、羊和家禽等。研究时段内各区县的畜禽养殖数量变化不大，取多年平均畜禽养殖数量核算其产生的相应污染物（图 6-3）。各种畜禽种类产生的污染物按照相关标准和文献计算。

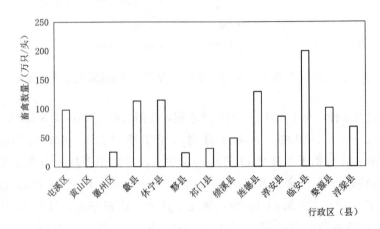

图 6-3　各区县多年平均畜禽养殖量

（4）点源排污。流域内点源排放包括城市居民生活污水和工业污染源，共收集了 13 个点源排放站点的数据，并将其输入模型。其中，多年平均 TN 污染负荷量为 238t/a，TP 污染负荷量为 7t/a。

4. 未来气候情景

基于中国气象局国家气候中心提供的中国地区气候变化预估数据集（国家气候中心，2012）提取大气预测变量（降水、最高气温和最低气温等），并作为气候情景数据驱动已构建的非点源污染模型，进而模拟未来气候变化对流域非点源污染时空分布的影响。未来气候变化情景采用 WCRP 的耦合模式比较计划—阶段 5 的多模式数据，简称 CMIP5 数据（Coupled Model Intercomparison Project phase 5），采用的 CMIP5 气候模式基本信息如表 6-5 所示。CMIP5 数据为 PCMDI（Program for Climate Model Diagnosis and Intercomparison）公开发布的 21 个全球气候模式的简单集合平均值,并将各模式原始数据统一插值到 $1° × 1°$。本节以 2000—2010 年为基准期,将未来气候情景分为 21 世纪 20 年代(2020—2030 年)和 21 世纪 30 年代(2030—2040 年)两个时期。

表 6-5   采用的 CMIP5 气候模式基本信息

序号	气候模式名称	研 究 单 位	所属国家
1	BCC – CSM1 – 1	中国气象局	中国
2	BNU – ESM	北京师范大学	中国
3	FGOALS – g2	中国科学院和清华大学	中国
4	FIO – ESM	国家海洋局	中国
5	CanESM2	加拿大气候模拟与分析中心	加拿大
6	CNRM – CM5	欧洲科学计算高级研究和培训中心	法国
7	CSIRO – Mk3 – 6 – 0	澳大利亚联邦科学与工业研究组织和昆士兰气候变化卓越中心	澳大利亚
8	CCSM4	美国国家大气研究中心	美国
9	GFDL – CM3		美国
10	GFDL – ESM2G	美国海洋和大气管理局	美国
11	GFDL – ESM2M		美国
12	GISS – E2 – H		美国
13	GISS – E2 – R	美国国家航空航天局	美国
14	HadGEM2 – AO	韩国气象厅	韩国
15	PSL – CM5A – LR	皮埃尔西蒙拉普拉斯学院	法国
16	MIROC5		日本
17	MIROC – ESM	东京大学大气海洋研究所,国立环境研究所,日本海洋-地球科技研究所	日本
18	MIROC – ESM – CHEM		日本
19	MRI – CGCM3	气象研究所	日本
20	MPI – ESM – LR	马克斯普朗克气象研究所	德国
21	NorESM1 – M	挪威气候中心	挪威

采用的新温室气体排放情景"典型浓度路径"RCPs(Representatie Concentration Pathways)包括长期历史气候模拟 Historical(1901—2005 年),RCP2.6、RCP4.5 和 RCP8.5 排放情景下未来(2006—2100 年)气候变化的月均预估数据。其中,RCP2.6 情景下全球平均温度上升不超过 2℃,21 世纪后半叶能源应用为负排放,2100 年前辐射强迫达到峰值,继而下降至 $2.6W/m^2$;RCP4.5 情景下 2100 年辐射强迫保持在 $4.5W/m^2$;RCP8.5 情景下假定人口数量最多、技术革新率却不高,且能源改善缓慢,导致能源需求量高,温室气体

排放量大而缺少气候变化的适应性措施，2100 年辐射强迫达到 8.5W/m²。

6.2 模型构建

6.2.1 参数敏感性分析

由于研究区流域属性较为复杂，流域参数对水文、泥沙和氮、磷等营养物质的影响具有较强的空间异质性，且模型参数较多，必须要对研究区进行参数敏感性分析以提高模型的效率。选取 SWAT 模型中与水量水质过程相关的 24 个敏感性参数，采用 SUFI-2（Sequential Uncertainty Fitting version 2）算法进行分析，如表 6-6 所示，所选的敏感性参数包括 13 个水文参数，5 个与泥沙过程有关的参数，3 个与氮运移转化过程有关的参数，以及 3 个与磷运移转化过程有关的参数。

表 6-6   新安江流域 SWAT 模型参数敏感性分析列表

参 数	定 义	文件	描述过程	取值范围
ALPHA_BF	基流 alpha 因子	.gw	地下水	[0, 1]
CH_COV	植被覆盖因子	.rte	土壤侵蚀	[−0.001, 1]
CH_EROD	河道可侵蚀因子	.rte	土壤侵蚀	[−0.05, 0.6]
CH_K2	主河道河床有效水力传导度	.rte	河道	[−0.01, 150]
CN2	湿润条件为Ⅱ时的 SCS 径流曲线数	.mgt	径流	[35, 98]
ERORGN	有机氮富集率	.hru	土壤侵蚀	[0, 5]
ERORGP	磷富集率	.hru	土壤侵蚀	[0, 5]
ESCO	土壤蒸发补偿系数	.hru	蒸发	[0, 1]
GW_DELAY	地下水滞留时间	.gw	地下水	[0, 50]
GW_REVAP	浅层地下水再蒸发系数	.gw	地下水	[0.02, 0.2]
GWQMN	浅层地下水产生基流的阈值深度	.gw	地下水	[0, 5000]
HRU_SLP	平均坡度	.hru	地貌	[0, 0.6]
NPERCO	硝酸盐下渗系数	.bsn	土壤	[0, 1]
PHOSKD	土壤中磷的分离系数	.bsn	土壤	[100, 200]
PPERCO	磷的下渗系数	.bsn	土壤	[10, 17.5]
RCHRG_DP	含水层渗透比	.gw	地下水	[0, 1]
REVAPMN	浅层地下水再蒸发的阈值深度	.gw	地下水	[0, 500]
RSDCO	残余有机物矿化系数	.bsn	土壤	[0.02, 0.1]
SLSUBBSN	平均坡长	.hru	地貌	[10, 150]

参 数	定 义	文件	描述过程	取值范围
SOL_AWC	土壤层有效蓄水容量	.sol	土壤	[0, 1]
SOL_K	土壤饱和水力传导度	.sol	土壤	[0, 100]
SPCON	河道中泥沙被重新携带的线性指数	.bsn	土壤侵蚀	[0.0001, 0.01]
SPEXP	河道中泥沙被重新携带的幂指数	.bsn	土壤侵蚀	[1, 1.5]
USLE_K	USLE 方程中土壤侵蚀因子	.sol	土壤侵蚀	[0, 0.65]

　　假定所选各参数的先验分布为均匀分布，且各参数均在其有效取值范围内变化，分别在渔梁和屯溪两个站点对 SWAT 模型的月径流、泥沙、氮和磷过程进行分析，得到如下的参数敏感性排序（图 6-4）。

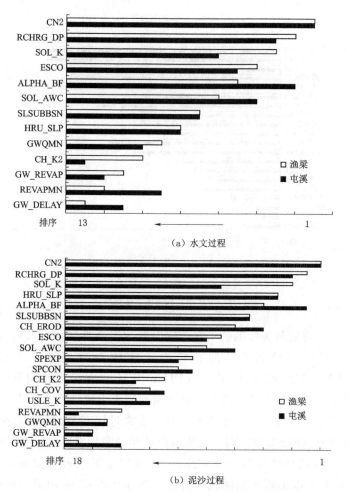

图 6-4（一） SWAT 模型水文、泥沙、氮和磷过程参数敏感性分析排序

注：排序值越小，说明该参数越敏感。

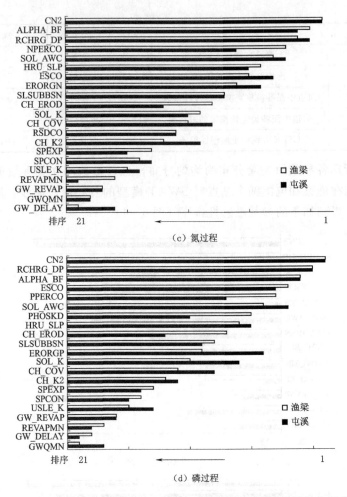

图 6-4（二）　SWAT 模型水文、泥沙、氮和磷过程参数敏感性分析排序

注：排序值越小，说明该参数越敏感。

　　渔梁和屯溪两站最为敏感的水文参数均为 SCS 曲线数（CN2），该参数控制着 SWAT 模型的产流过程。两站较为敏感的参数包括：含水层渗透比（RCHRG_DP）、基流 alpha 因子（ALPHA_BF）、土壤蒸发补偿系数（ESCO）、土壤层有效蓄水容量（SOL_AWC）和土壤饱和水力传导度（SOL_K），上述参数均与流域地下水、蒸发和土壤水等主要的水文过程有关。较不敏感的参数为：子流域平均坡长（SLSUBBSN）、水文响应单元的平均坡度（HRU_SLP）、浅层地下水产生基流的阈值深度（GWQMN）、浅层地下水再蒸发系数（GW_RE-VAP）、浅层地下水再蒸发的阈值深度（REVAPMN）、主河道河床有效水力传导度（CH_K2）和地下水滞留时间（GW_DELAY）。

由于流域内土地利用和土壤类型具有较强的空间变异性，因此，对于渔梁和屯溪两站的控制流域而言，13 个水文参数对流域内水文过程的敏感程度不一。屯溪站的控制区域内山区面积较大，多为森林和草地覆盖，主要的土壤类型为铁铝土。渔梁站的控制区域内地势较为平坦，多为草地和水稻作物，主要的土壤类型为水稻土和铁铝土。因此，与之有关的 ALPHA_BF、SOL_K、RE-VAPMN、CH_K2 和 GW_DELAY 等参数对两个控制流域的影响不一，其相应的敏感性排序也差别较大。屯溪站的控制区域内水土保持措施较为完善，地表水和地下水的相互联系更为紧密，因此，ALPHA_BF、SOL_AWC、REVAPMN 和 GW_DELAY 参数对水文过程更为敏感。渔梁站控制区域的河道水力传导度对径流过程更为敏感，所以渔梁站的 SOL_K 和 CH_K2 参数比屯溪站更为敏感。

对于泥沙过程而言，水文参数依然是最为敏感的参数，且子流域特征参数和水质参数对泥沙过程影响也较大。渔梁站和屯溪站最为敏感的参数均为 CN2。较为敏感的参数包括与地下水、蒸发和土壤水等过程有关的参数（即 RCHRG_DP、SOL_K、ALPHA_BF、ESCO 和 SOL_AWC），子流域特征参数（即 HRU_SLP 和 SLSUBBSN），以及泥沙参数（河道可侵蚀因子 CH_EROD、河道中泥沙被重新携带的幂指数 SPEXP 和线性指数 SPCON）。较不敏感的参数包括：CH_K2、CH_COV（河道植被覆盖因子）、USLE_K（USLE 土壤可侵蚀因子）、REVAPMN、GWQMN、GW_REVAP 和 GW_DELAY。

流域内泥沙的产生及迁移过程均以水循环过程为基础，因此，水文参数对流域水土流失影响较大。此外，河道及河滨带绿化对控制流域水土流失也有较大的影响。河道泥沙汇流与河道特征（SPEXP 和 SPCON、CH_EROD 等）紧密相关。渔梁和屯溪两站的控制区域内，土壤质地厚重，铁铝土和水稻土的可侵蚀性较低，流域内水土流失并不显著。而流域地形因子（如平均坡长和坡度等）与产沙量密切相关，其相关参数对泥沙过程的灵敏度较高。与水文参数的空间异质性类似，两站的控制区域内部分水文参数对泥沙过程的敏感程度各异。此外，与河道特征有关的 CH_EROD、SPEXP、SPCON 和 USLE_K 参数等，也具有一定的空间异质性，因此，对泥沙过程的敏感度略微不同。

对于氮运移转化过程而言，最为敏感的参数为 CN2。较为敏感的参数包括 ALPHA_BF、RCHRG_DP、SOL_AWC、ESCO 和 SOL_K 等水文参数，氮下渗系数 NPERCO、有机氮富集率 ERORGN、残留有机物矿化系数 RSCDP、CH_EROD 和 CH_COV 等水质参数，以及 HRU_SLP 和 SLSUBBSN 等子流域特征参数。较为不敏感的参数包括 CH_K2、SPEXP、SPCON、USLE_K、RE-VAPMN、GW_REVAP、GWQMN 和 GW_DELAY。

对于磷运移转化过程而言，CN2 是最为敏感的参数。较为敏感的参数包括三类：水文参数（RCHRG_DP、ALPHA_BF、ESCO、SOL_AWC 和 SOL_K），水质参数（磷下渗系数 PPERCO、土壤中磷的分离系数 PHOSKD、磷的富集率 ERORGP、CH_EROD 和 CH_COV），河道特征参数（HRU_SLP 和 SLSUBBSN）。而 CH_K2、SPEXP、SPCON、USLE_K、GW_REVAP、REVAPMN、GW_DELAY 和 GWQMN 等参数对磷过程较为不敏感。

　　流域中营养物质以吸附态和溶解态形式存在。因此，与水文过程和泥沙过程密切相关的参数，可间接地作用于营养物质的产生、迁移与转化过程。由于流域内土壤的理化性质及水文、地质条件等均具有局部空间异质性，流域内营养物质的迁移、转化和富集过程等亦存在不同，相关的水文、水质和流域特征参数等对营养物质的灵敏度不一。此外，本节分析的参数敏感性结果仅适用于本研究区。

　　流域降水产汇流是泥沙和氮、磷等营养物质产生、输移的基础。因此，对水文过程较为敏感的参数将间接地影响泥沙和污染物质的各反应过程。本研究区产汇流以地表径流为主，因此，CN2 作为影响地表产流的最主要的水文因子，同时也是影响泥沙、氮和磷营养物质过程最主要的水文因素。流域内主要的土地利用类型为森林和水稻田，分别占流域面积的 64.19% 和 15.66%，这两种土地利用类型均具有很强的水土保持功能，且局部"蒸腾-地表水-土壤水"间相互转化作用强烈，有关的土壤参数（ESCO、SOL_AWC）对径流变化为中等敏感程度。流域坡长和坡度直接影响流域侧向壤中流和泥沙输移过程，因此，该流域特征参数对流域径流和营养物质过程较为敏感，尤其对泥沙过程响应较高。流域内山区地形起伏叠嶂，地下水和地表水间交换频繁，因此，地下水参数对径流过程也较为敏感。河道侵蚀作为流域泥沙负荷的主要来源之一，河道特征参数对河道泥沙汇流影响较大，因此，河道特征参数在一定程度上对泥沙过程较为敏感。除了水文参数和流域特征参数，部分水质参数控制了流域径流中硝酸盐（NPERCO）、可溶态磷（PHOSKD）和泥沙（ERORGPN 和 ERORGP）的输移过程，因此，这些水质参数对营养物质的产生和输移过程影响也较为显著。

6.2.2　率定与验证

　　将整个研究时段划分为模型的率定期（2001—2007 年）和验证期（2008—2010 年）两个阶段，并以 2000 年为模型的预热期。参考参数敏感性分析中确定的较敏感参数，对月径流过程、月泥沙过程和营养物质过程进行率定和验证。以三阳坑站、临溪站、新亭站、月潭站、渔梁站和屯溪站的实测月径流过程率定水文参数，以渔梁站和屯溪站的泥沙、总氮和总磷等月实测过程率定相应的水环境参数。模型评价指标选取相对误差 Re、相关系数 r 和 Nash - Sutcliffe 效

率系数 NSE。模型月尺度模拟评价指标如表 6-7 所示。

表 6-7　　　　　　　　　　　**模型月尺度模拟评价指标**

定　义	指标		月 模 拟 评 价 等 级			
			优秀	较好	可接受	不可接受
$\|Re\| = \left\| \dfrac{\overline{Q}_o - \overline{Q}_s}{\overline{Q}_o} \right\|$	相对误差绝对值	径流	[0, 10%)	[10%, 15%)	[15%, 25%)	[25%, +∞)
		泥沙	[0, 15%)	[15%, 30%)	[30%, 55%)	[55%, +∞)
		氮磷	[0, 25%)	[25%, 40%)	[40%, 70%)	[70%, +∞)
$r = \dfrac{\sum(Q_{o,i} - \overline{Q}_o) \cdot (Q_{s,i} - \overline{Q}_s)}{\sqrt{\sum(Q_{o,i} - \overline{Q}_o)^2 \cdot \sum(Q_{s,i} - \overline{Q}_s)^2}}$	相关系数 r		(0.70, 1.00]	(0.60, 0.70]	(0.50, 0.60]	(-∞, 0.50]
$NSE = 1 - \dfrac{\sum(Q_{o,i} - Q_{s,i})^2}{\sum(Q_{o,i} - \overline{Q}_o)^2}$	Nash-Sutcliffe 效率系数		(0.75, 1.00]	(0.65, 0.75]	(0.50, 0.65]	(-∞, 0.50]

注　$Q_{o,i}$ 和 $Q_{s,i}$ 分别为第 i 个实测值和模拟值，m³/s；$\overline{Q}_o$ 和 $\overline{Q}_s$ 分别为实测均值和模拟均值，m³/s。

若径流过程的 $Re \in (-\infty, -25\%]$ 或 $Re \in [25\%, +\infty)$，泥沙过程的 $Re \in (-\infty, -55\%]$ 或 $Re \in [55\%, +\infty)$，氮、磷过程的 $Re \in (-\infty, -70\%]$ 或 $Re \in [70\%, +\infty)$，则模拟序列与实测序列间的平均偏差程度较大，模型模拟结果不能接受。若径流、泥沙或氮、磷过程的 $r \leqslant 0.50$，则实测与模拟序列的线性相关吻合度较差，模拟结果是不能令人接受的。若径流、泥沙或氮、磷过程的 $NSE \leqslant 0.00$，则模型不能较好地反映径流、泥沙、氮、磷等的变化过程，模型模拟的平均值比直接使用实测均值的可信度更低。

由于 SWAT 模型参数众多，根据参数敏感性分析的结果和研究流域的实际情况，采用手动调参的方法率定参数。率定期与验证期实测与模拟流量、泥沙负荷、总氮负荷和总磷负荷过程如图 6-5～图 6-8 所示。

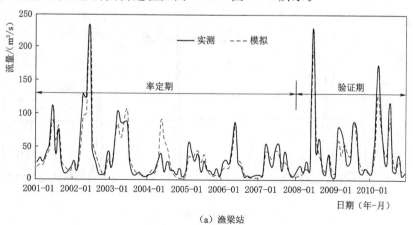

(a) 渔梁站

图 6-5（一）　率定期与检验期实测与模拟流量过程

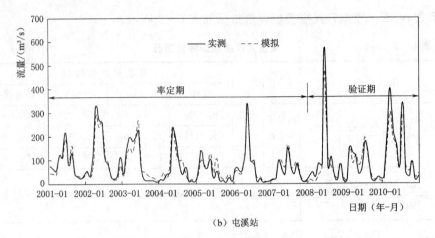

（b）屯溪站

图 6-5（二）　率定期与检验期实测与模拟流量过程

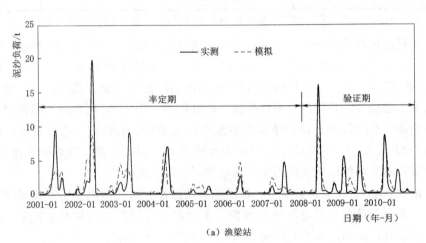

（a）渔梁站

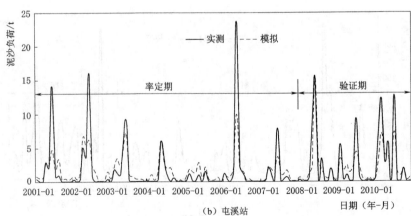

（b）屯溪站

图 6-6　率定期与检验期实测与模拟泥沙负荷过程

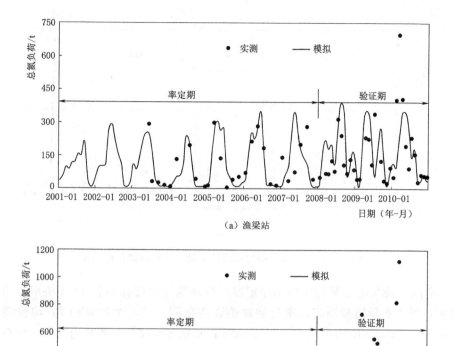

（a）渔梁站

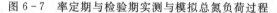

（b）屯溪站

图 6-7 率定期与检验期实测与模拟总氮负荷过程

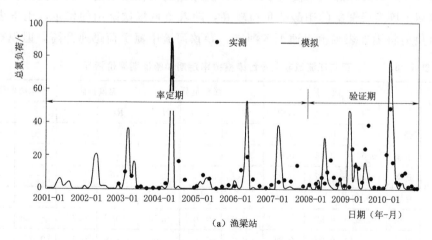

（a）渔梁站

图 6-8（一） 率定期与检验期实测与模拟总磷负荷过程

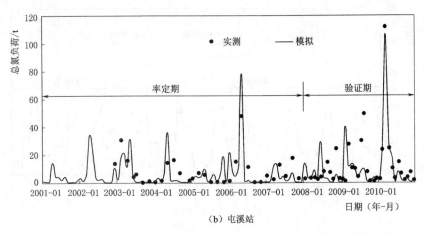

（b）屯溪站

图 6-8（二）　率定期与检验期实测与模拟总磷负荷过程

　　新安江流域非点源污染模拟率定期和验证期评价指标如表 6-8 所示。结果表明：对于水量模拟而言，率定期和验证期期间，这 6 个站点的 Re 均控制在 $\pm10\%$，r 和 NSE 均在 0.80 以上，水量模拟过程与实测过程较为吻合，所有站点的水量模拟结果均可认为是"优秀"的；对于泥沙负荷模拟而言，渔梁和屯溪两站的 Re 也都控制在 $\pm10\%$，r 均超过 0.70，NSE 超过 0.50；对于总氮负荷模拟而言，率定期与验证期的 Re 均控制在 $\pm10\%$，率定期的 r 大于 0.50，但验证期的 r 仅大于 0.30；对于总磷负荷模拟而言，率定期期间渔梁站和屯溪站的 Re 均控制在 $\pm10\%$，验证期期间的 Re 均控制在 $\pm15\%$，r 均大于 0.50。总体而言，流域的总磷负荷模拟是令人满意的，尽管验证期内屯溪站和渔梁站实测与模拟总氮过程的 r 均仅大于 0.30，但总氮的模拟效果是可以接受的。由于非汛期土壤表层聚集的硝酸盐负荷较高，随着流域场次降雨的发生，土壤表层的氮负荷将随地表径流迅速汇入河网，导致河流中氮负荷迅速升高，但现有的

表 6-8　　　　新安江流域非点源污染模拟率定期和验证期评价指标

时期	站点	流　量			泥沙负荷			总氮负荷		总磷负荷	
		Re	r	NSE	Re	r	NSE	Re	r	Re	r
率定期	三阳坑	−0.02	0.95	0.91	—	—	—	—	—	—	—
	临溪	0.00	0.96	0.92	—	—	—	—	—	—	—
	新亭	−0.09	0.95	0.90	—	—	—	—	—	—	—
	月潭	−0.09	0.95	0.89	—	—	—	—	—	—	—
	渔梁	0.02	0.93	0.87	−0.09	0.72	0.50	0.03	0.67	−0.06	0.85
	屯溪	−0.02	0.95	0.91	−0.06	0.85	0.60	−0.06	0.50	0.02	0.74

174

续表

时期	站点	流 量			泥沙负荷			总氮负荷		总磷负荷	
		Re	r	NSE	Re	r	NSE	Re	r	Re	r
验证期	三阳坑	0.01	0.97	0.92	—	—	—	—	—	—	—
	临溪	0.01	0.95	0.89	—	—	—	—	—	—	—
	新亭	0.09	0.91	0.81	—	—	—	—	—	—	—
	月潭	0.08	0.97	0.93	—	—	—	—	—	—	—
	渔梁	0.07	0.96	0.88	−0.05	0.90	0.75	0.00	0.38	0.10	0.53
	屯溪	0.07	0.97	0.92	0.09	0.89	0.76	0.03	0.30	0.14	0.80

模型尚无法描述这一过程，因此，模型模拟的总氮负荷比实测值偏低。总体而言，流域内非点源污染模拟结果是令人满意的，SWAT 模型可用于模拟新安江流域非点源污染的变化情况。

6.3 非点源污染物时空分布统计分析

6.3.1 不同土地利用类型非点源污染负荷

不同土地利用类型下，流域不同形态的营养物质的迁移转化过程也不相同。本节统计分析了新安江流域主要土地利用类型的非点源污染负荷（表6-9）。

表6-9 新安江流域主要土地利用类型的非点源污染负荷

土地利用类型	面 积		泥沙负荷		总氮负荷		总磷负荷	
	km²	占比/%	10⁶t	占比/%	t	占比/%	t	占比/%
水稻田	877.92	15.04	7.25	0.73	4817.30	94.97	503.19	95.19
茶园	31.67	0.54	0.00	0.00	193.42	3.81	5.82	1.10
冬小麦	13.21	0.23	0.11	0.01	59.88	1.18	16.84	3.19
森林	4072.16	69.74	810.60	81.11	1.63	0.03	2.24	0.42
草地	843.97	14.45	181.40	18.15	0.57	0.01	0.52	0.10
共计	5838.93	100.00	999.36	100.00	5072.80	100.00	528.61	100.00

水稻田是流域内第二大土地利用类型，其相应的总氮、总磷负荷最高，均约占全流域总氮、总磷负荷的95%。茶园面积约占全流域的0.5%，其总氮负荷占全流域总氮负荷的3.8%，而总磷负荷略低。冬小麦在全流域的占地面积最少，但其总磷负荷仅次于水稻田，总氮负荷仅次于水稻田和茶园。流域内森林覆盖率较高，其相应的总氮和总磷负荷较少，但泥沙负荷最高，约占流域泥沙

总负荷的 81%。流域内草地面积约占 15%，其泥沙负荷（18%）仅次于森林。总体而言，流域内水稻田的总氮负荷最高，茶园和冬小麦次之，森林和草地最低；流域内水稻田的总磷负荷最高，冬小麦和茶园次之，森林和草地最低。

2001—2010 年新安江流域不同土地利用单位面积总氮负荷变化如图 6-9 所示。各土地利用类型的总氮负荷大体呈增加趋势，全流域总氮负荷由 3428t（0.59t/km²）增加到 7313t（1.25t/km²），增幅达到 112%。2001 年，茶园为单位面积总氮负荷最高的土地利用类型，水稻田略低于茶园，冬小麦次之。10 年间，冬小麦的总氮负荷增幅最大，2010 年冬小麦的总氮负荷比 2001 年约增加了 4 倍，至 2010 年冬小麦成为单位面积总氮负荷最高的土地利用类型。水稻田和茶园的增幅大致相同，2010 年约比 2001 年总氮负荷增加了 1.1 倍，水稻田和茶园的单位面积总氮负荷仅次于冬小麦。草地的单位面积总氮负荷略高于森林，两者的总氮负荷基本保持不变。

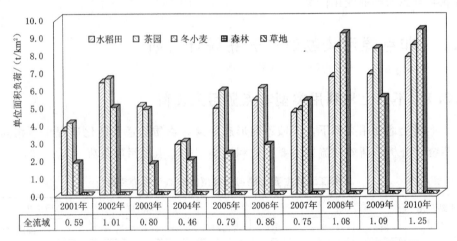

图 6-9　2001—2010 年新安江流域不同土地利用单位面积总氮负荷变化图

各土地利用类型的总磷负荷呈波动增加的趋势（图 6-10）。2001—2010 年，全流域总磷负荷由 298t（0.05t/km²）增加到 867t（0.15t/km²），增幅达到 200%。2001 年，冬小麦为单位面积总磷负荷最高的土地利用类型，水稻田和茶园次之。10 年间，茶园的总磷负荷增幅最大，达到 319%，但其单位面积总磷负荷仍低于冬小麦和水稻。2001 年冬小麦单位面积总磷负荷分别是水稻田和茶园的 2.35 倍和 9.38 倍，至 2010 年冬小麦单位面积总磷负荷增加了 132%，分别是水稻田和茶园的 1.84 倍和 5.19 倍。水稻的单位面积总磷负荷略次于冬小麦，10 年增幅达到 195%。森林和草地的单位面积总磷负荷大致相同。2001—2003 年，森林的总磷负荷持续减少，2004 年后基本保持不变。而草地的总磷负荷基本保持不变。

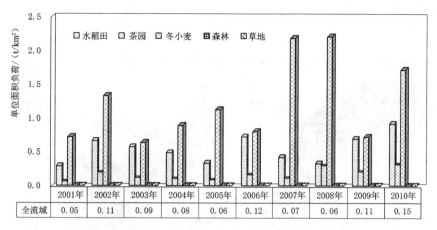

图 6-10 2001—2010 年新安江流域不同土地利用单位面积总磷负荷变化图

6.3.2 非点源污染时空变化规律

6.3.2.1 流域尺度非点源污染负荷

新安江流域多年平均降水量、泥沙、总氮和总磷负荷空间分布如图 6-11 所示。流域多年平均降水量为 1664.8mm，产流量为 904.51mm，降水量和产流量较大的地区大多集中在南部山区即休宁县境内的山区。由此也导致这一地区土壤侵蚀较为严重，尤其是在多为森林和草地覆盖的源头地区，流域内降水和泥沙过程的相关系数约为 0.50。全流域总氮和总磷产污负荷分别为 5071.50t 和 529.11t，主要集中在流域中北部的屯溪区、徽州区、歙县以及绩溪县等地区，主要来源于流域中北部地区的水稻、茶园和冬小麦等。总氮和总磷的最高产污负荷强度分别为 $10t/km^2$ 和 $2.24t/km^2$。流域内 HRU 尺度的泥沙和总氮、总磷负荷相关性不强，降水和总氮、总磷也几乎不相关，且其空间分布也较为不一致。而总氮和总磷单位面积负荷存在较高的相关性，相关系数高达 0.86。这主要与流域内人口密度较大，生活污水排放量大而分散，污水处理设施不完善，农田化肥施用量大，且随雨水流失强度较大等有关。

新安江流域 2001—2010 年各子流域降水空间分布如图 6-12 所示。2002 年和 2010 年全流域普遍有降水，2002 年降水较大的地区较为分散，多为南部山区（休宁境内山区以及歙县与休宁县接壤山区），西北部山区（黄山区，黟县北部）也有强降水过程；2010 年大多集中在南部山区，即休宁县大范围强降水。2005 年和 2007 年全流域降水量偏低，其余各年全流域降水过程较相似，且以休宁县南部山区降水量偏多，而绩溪县和歙县北部地区降水偏少。

新安江流域 2001—2010 年各子流域泥沙空间分布如图 6-13 所示。与降水空间分布类似，2002 年和 2010 年全流域泥沙负荷量较大，但 2002 年主要仅集

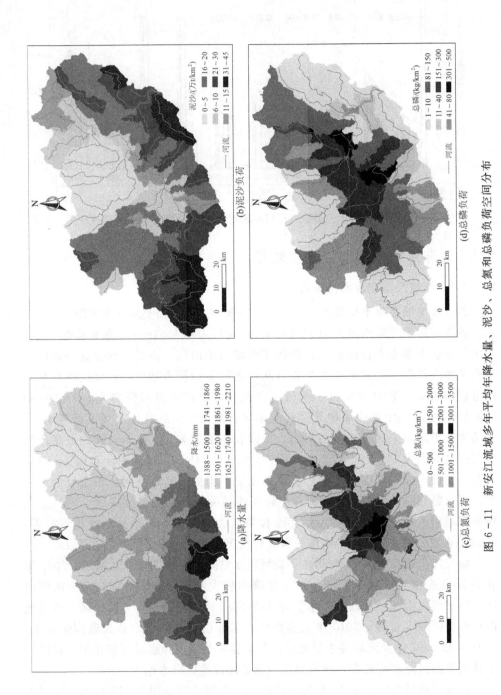

图 6-11　新安江流域多年平均年降水量、泥沙、总氮和总磷负荷空间分布

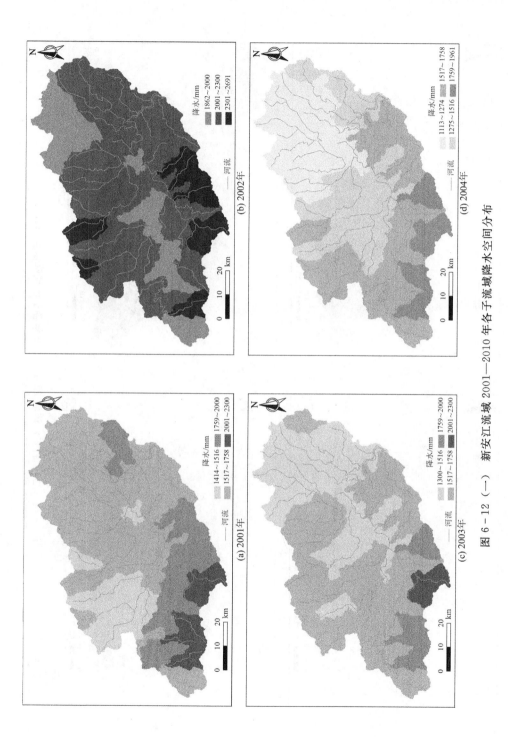

图 6 - 12 （一） 新安江流域 2001—2010 年各子流域降水空间分布

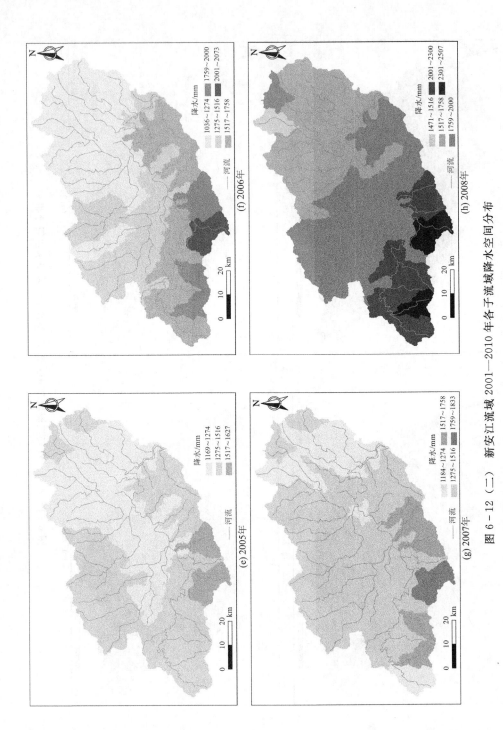

图 6 - 12（二）　新安江流域 2001—2010 年各子流域降水空间分布

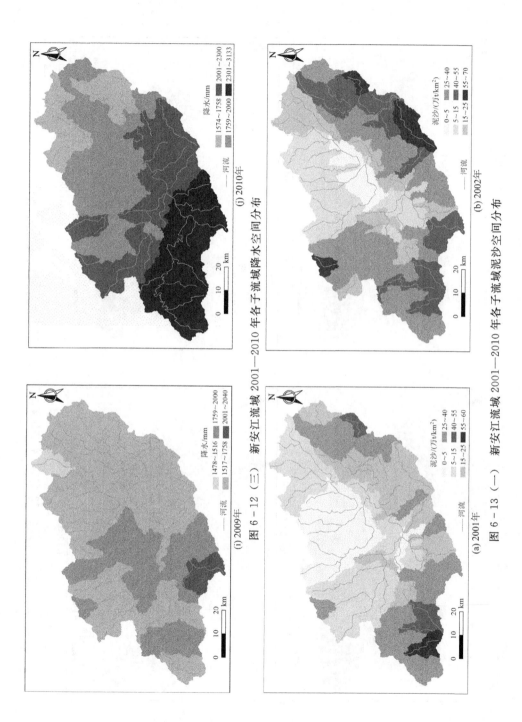

(i) 2010年

图 6-12（三）　新安江流域 2001—2010 年各子流域降水空间分布

(i) 2009年

(b) 2002年

图 6-13（一）　新安江流域 2001—2010 年各子流域泥沙空间分布

(a) 2001年

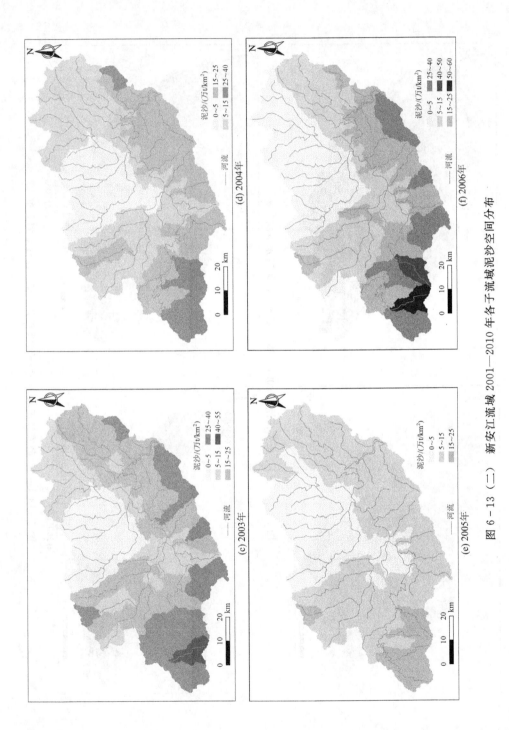

图 6-13（二）　新安江流域 2001—2010 年各子流域泥沙空间分布

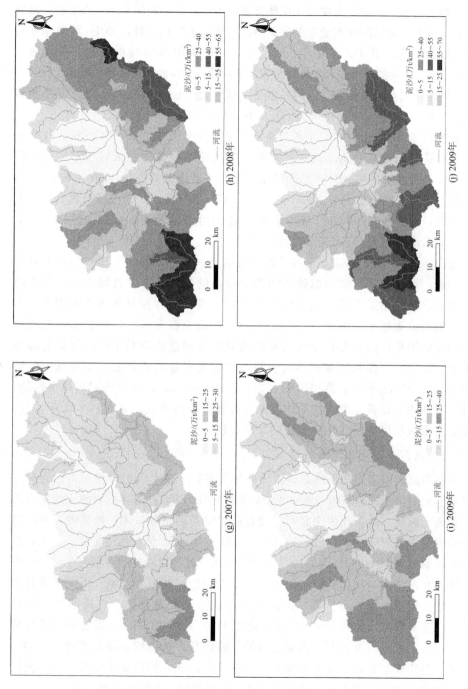

图 6-13 （三） 新安江流域 2001—2010 年各子流域泥沙空间分布

中在东部黟县境内山区，2010 年主要集中在南部休宁县山区。从图 6 - 13 中可看出，降水量较多的地区、且多为森林和草地覆盖的山区，易于发生水土流失事件，流域泥沙负荷较大。流域内降水量与泥沙负荷具有较显著的相关性，2001—2010 年平均相关系数为 0.60，其中，2001 年、2004 年、2006 年和 2010 年的相关系数均超过 0.62。但部分年份的降水量和泥沙负荷相关系数较低，由此，可推断流域水土流失与流域面降水量关系较为密切，但同时也受洪峰流量、土壤侵蚀因子、地表植被覆盖情况、流域水土保持措施、地形因子等多个因素的共同影响。

新安江流域 2001—2010 年各子流域总氮空间分布如图 6 - 14 所示。与降水和泥沙负荷空间分布较为不同，各年的总氮负荷主要集中在流域中部地区，即农业活动较为频繁的屯溪区、徽州区南部和休宁县东北部。且 2002 年和 2010 年全流域总氮负荷较高。尽管 2005 年和 2007 年降水量偏少，但流域总氮负荷并不低。由此，可推断在年尺度上流域强降水过程可加剧营养物流失，但缺水季节由于农业灌溉等原因，对营养物的流失影响较小。

新安江流域 2001—2010 年各子流域总磷空间分布（图 6 - 15）与总氮分布较为一致。流域内降水量与总磷负荷并无显著的相关关系，且泥沙负荷与总磷负荷也无显著的相关关系。但流域内总氮和总磷负荷存在显著的相关关系。由于农田施肥为流域主要的非点源污染来源，其次为畜禽养殖，化肥和畜禽排泄物中的氮磷均呈比例关系，由此估算的流域总氮和总磷负荷也呈现较显著的相关关系。因此，为控制流域营养物负荷，需增强农业管理措施，如流域内化肥施用量约为 270kg/hm²，高于国际安全上限 225kg/hm²，农业施肥利用率偏低，此外，需加强建设畜禽养殖排泄物收集与处理设施的建设，避免污水无序排放，还需重视山区居民生活污水和垃圾的集中处理。

6.3.2.2　各区县非点源污染负荷

从行政区划尺度多年平均非点源污染负荷来看（表 6 - 10），流域内歙县和休宁县面积较大，分别占流域总面积的 34.82％和 32.88％，两县主要的土地利用类型为耕地。因此，歙县和休宁县对流域总产污负荷的贡献较大，歙县的泥沙、总氮和总磷的贡献率分别为 34.59％、28.11％和 33.01％；休宁县的泥沙、总氮和总磷的贡献率分别为 44.36％、30.80％和 28.11％。黟县以森林和水稻为主，分散种植有茶园和冬小麦，绩溪县以森林为主，主要种植有茶园和水稻。因此，黟县和绩溪县的土壤侵蚀也较为严重，泥沙负荷分别占全流域总泥沙负荷的 7.70％和 6.47％，总氮负荷分别占全流域总氮负荷的 11.27％和 13.46％，黟县的总磷负荷略低，仅占全流域的 4.96％，而绩溪县的总磷负荷占全流域总磷负荷的 17.40％。祁门县森林覆盖率较高，少量种植有水稻作物，因此，泥沙负荷略高，占全流域泥沙负荷的 3.22％，总氮和总磷负荷较低，均不超过全流域负荷的 0.3％。

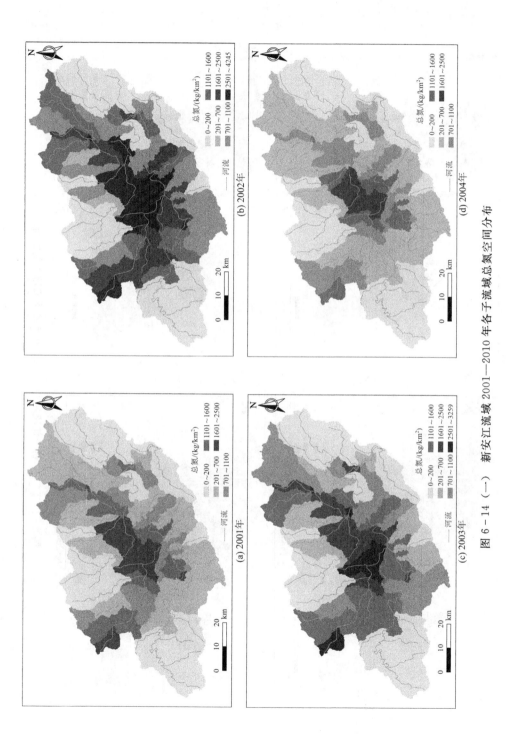

图 6-14 (一) 新安江流域 2001—2010 年各子流域总氮空间分布

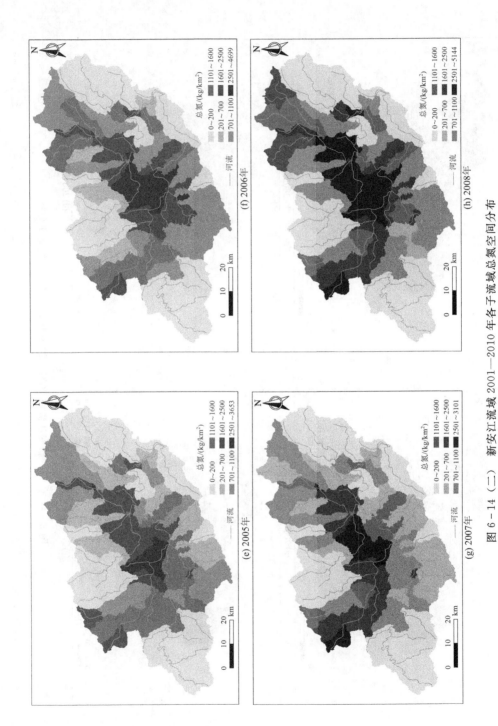

图 6-14（二）　新安江流域 2001—2010 年各子流域总氮空间分布

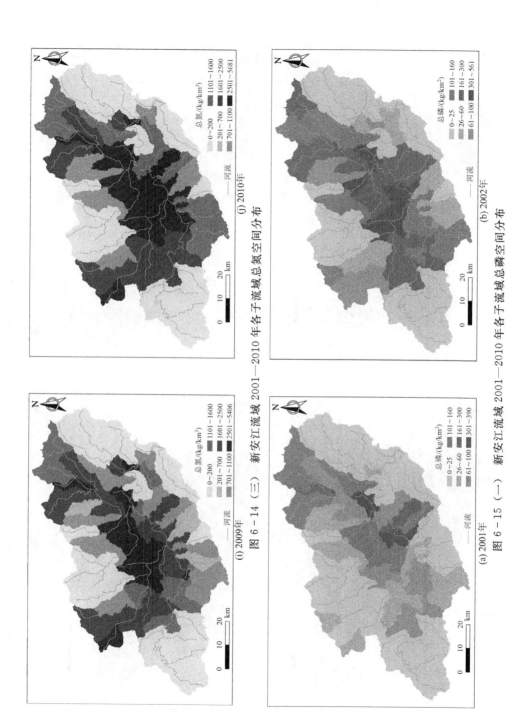

(j) 2010年

图 6-14 (三) 新安江流域 2001—2010 年各子流域总氮空间分布

(b) 2002年

图 6-15 (一) 新安江流域 2001—2010 年各子流域总磷空间分布

(i) 2009年

(a) 2001年

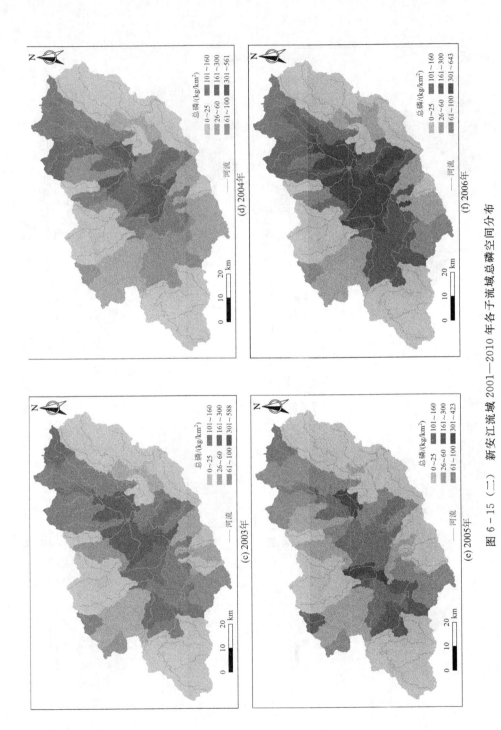

图 6－15（二）　新安江流域 2001—2010 年各子流域总磷空间分布

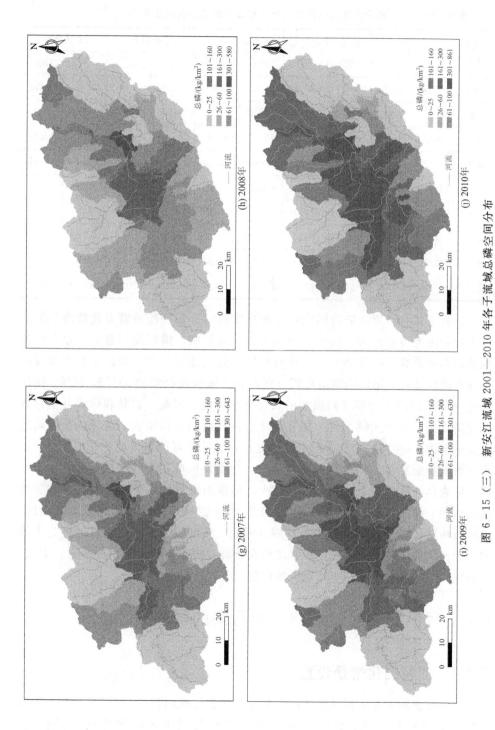

图 6-15 (三) 新安江流域 2001—2010 年各子流域总磷空间分布

表 6 - 10 新安江流域行政区县尺度多年平均非点源污染负荷

行政区	面 积		降水 /mm	径流深 /mm	泥沙负荷		总氮负荷		总磷负荷	
（县）	km²	占比/%			万 t	占比/%	t	占比/%	t	占比/%
祁门	127.74	2.18	1802.99	1068.42	3321.34	3.22	12.05	0.24	1.48	0.28
黟县	440.11	7.53	1653.76	842.86	7939.56	7.70	571.58	11.27	26.27	4.96
绩溪	638.61	10.92	1458.48	791.40	6671.20	6.47	682.86	13.46	92.04	17.40
歙县	2035.86	34.82	1586.09	872.19	35679.01	34.59	1425.69	28.11	174.68	33.01
黄山	93.46	1.60	1729.89	860.21	438.38	0.42	0.03	0.00	0.07	0.01
屯溪	155.43	2.66	1675.54	848.21	1632.00	1.58	350.66	6.91	34.60	6.54
徽州	433.43	7.41	1623.16	759.93	1717.41	1.66	466.55	9.20	51.28	9.69
休宁	1922.76	32.88	1815.36	1018.81	45757.50	44.36	1562.08	30.80	148.71	28.11
共计	5847.40	100.00	1664.80	904.51	103156.40	100.00	5071.50	100.00	529.11	100.00

分析流域非点源污染物的空间分布规律有助于识别流域营养物质流失的关键土地利用类型和区域。由于种植面积大，且氮肥、磷肥施用量大，水稻是流域总氮和总磷流失的主要来源。从行政区县角度而言，歙县和休宁县为流域内两大行政区县，其境内的耕地面积分别占全流域耕地面积的 33% 和 34%，两区县境内 15% 的国土面积受到强烈的农业活动干扰。因此，歙县和休宁县是总氮和总磷负荷流失的关键区县。随着流域经济发展和人口增长，流域内氮、磷的流失量约为 10 年前的 3 倍。已有研究显示，森林既可抑制流域营养物流失，也很有可能是流域污染物负荷的关键源区，特别是坡度较为陡峭的山区。由于本研究区森林和草地的氮、磷流失量较少，可推断流域内森林具有抑制营养物流失的作用。然而，由于近年来暴雨主要集中在流域内森林覆盖率较高的山区，导致森林地区水土流失现象较为严峻。因此，坡度较为陡峻的森林地区为本流域内泥沙负荷流失的关键区，而草地和农业耕地的水土流失强度也较大。因此，流域内高强度降水可加剧水土流失的程度。

6.4 气候变化对流域非点源污染的影响

6.4.1 气候变化情景设置

新安江流域未来不同情景下降水和气温的变化值如表 6 - 11 所示。相比于基准期的降水序列而言，未来不同时期内三种情景下的降水序列差异较大。

RCP2.6 情景下，年尺度和汛期降水量均呈先减少后增加的趋势，21 世纪 20 年代降水变化率为 −1.79%～−0.05%，21 世纪 30 年代降水变化率为 2.71%～3.56%；非汛期降水呈持续增加趋势。RCP4.5 情景下，年尺度、汛期和非汛期降水均呈增加的趋势，21 世纪 20 年代的降水变化率为 0.40%～1.31%，21 世纪 30 年代的降水变化率为 3.37%～3.79%。RCP8.5 情景下，年尺度和非汛期降水量均呈增加的趋势，21 世纪 20 年代降水变化率为 0.11%～1.04%，21 世纪 30 年代降水变化率为 0.15%～0.24%；汛期降水呈先减少（−1.37%）后增加（0.38%）的趋势。总体而言，非汛期降水量变化最为显著，年尺度和汛期降水变化次之。三种情景下，21 世纪 30 年代的降水变率均比 21 世纪 20 年代更为明显。RCP4.5 情景下降水的变化率最为显著（0.40%～3.79%），RCP2.6 情景（−1.79%～3.56%）和 RCP8.5 情景（−1.37%～0.38%）次之。因此，研究区未来尤其是 21 世纪 30 年代的气候趋于湿润。

表 6-11　　　　　　　新安江流域未来不同情景下降水和气温的变化值

情景	气候要素	21 世纪 20 年代			21 世纪 30 年代		
		汛期	非汛期	全年	汛期	非汛期	全年
RCP2.6	降水/%	−1.79	1.04	−0.05	3.56	2.18	2.71
	最高气温/℃	0.54	0.53	0.54	0.96	0.92	0.93
	最低气温/℃	0.52	0.59	0.57	0.83	0.79	0.80
RCP4.5	降水/%	0.40	1.87	1.31	3.37	3.79	3.63
	最高气温/℃	0.59	0.52	0.54	0.89	0.98	0.95
	最低气温/℃	0.61	0.48	0.52	0.90	0.91	0.91
RCP8.5	降水/%	−1.37	1.04	0.11	0.38	0.15	0.24
	最高气温/℃	0.74	0.60	0.65	1.27	1.05	1.12
	最低气温/℃	0.68	0.63	0.65	1.16	0.93	1.01

注　"降水"为相比于基准期的降雨变化率，"最高气温"和"最低气温"为相比于基准期的最高气温和最低气温变化值。

相比于基准期的气温序列而言，最高气温和最低气温在 21 世纪 20 年代和 30 年代均呈持续增加的变化趋势，变化幅度为 0.48～1.27℃。RCP8.5 情景下最高气温和最低气温的变幅最为显著（0.60～1.27℃），RCP4.5 情景（0.52～0.98℃）和 RCP2.6 情景（0.52～0.96℃）次之。此外，汛期气温的增幅略高于非汛期和年尺度。因此，研究区未来气候趋于变暖。

6.4.2　流域非点源污染负荷响应

本节分别从站点和子流域尺度分析了气候变化对径流、泥沙负荷、总氮负荷和总磷负荷的影响。

6.4.2.1　站点尺度

气候变化显著影响了径流、泥沙负荷、总氮负荷和总磷负荷的月尺度过程，除了总氮和总磷负荷外，渔梁站和屯溪站各要素的时间变化趋势基本一致。总体而言，气候变化主要影响流量和泥沙负荷的年和月均值，主要影响总氮和总磷负荷的季节分布。

1. 径流变化

渔梁站和屯溪站的径流变化基本一致，三种气候变化情景对径流过程的影响各异（图 6-16）。从 21 世纪 20 年代至 30 年代，RCP2.6 情景下径流呈先减少后增加的趋势，RCP4.5 情景下径流呈持续增加趋势，RCP8.5 情景下径流呈持续减少趋势。特别地，三种情景下非汛期的径流变化最为显著（−1.71%～5.04%），年径流（−1.36%～4.65%）和汛期径流（−1.12%～4.41%）变化次之。气候变化对月径流的影响系数（−4.41%～7.09%）大于年径流和季节径流（−1.71%～5.04%）。RCP4.5 情景下，月径流呈持续增加趋势（0.51%～7.09%），从 21 世纪 20 年代至 30 年代影响系数增加了 1.20%～4.75%。RCP8.5 情景下，月径流呈持续减少趋势（−7.00%～−0.40%），影响系数从 −2.53%（21世纪 20 年代）增加到了 −0.17%（21 世纪 30 年代）。RCP2.6 情景下，月径流呈先减少（−2.5%～−0.2%）后增加（0～6.0%）的趋势。因此，气候变化主要影响年和月尺度的径流量，而未影响径流的季节分布。

在 RCP4.5 情景下，降水增加（0.40%～3.79%）导致河道流量增加，温度升高（0.52～0.91℃）导致蒸散发量增加，继而会引起流量减少，在两者的共同作用下，河道流量尤其是非汛期流量总体呈增加趋势；在 RCP2.6 情景下 21 世纪 30 年代的流量变化与之类似。在 RCP8.5 情景下，降水增加率较

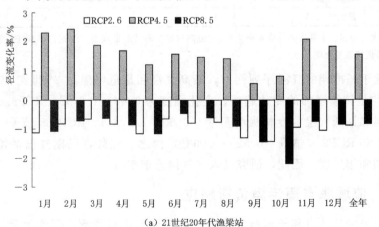

（a）21 世纪 20 年代渔梁站

图 6-16（一）　不同气候变化情景下渔梁站和屯溪站径流变化率

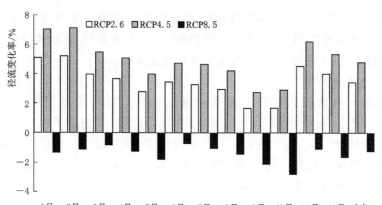

（b）21世纪30年代渔梁站

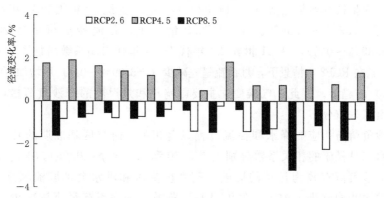

（c）21世纪20年代屯溪站

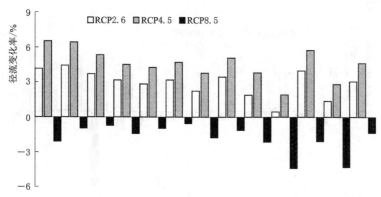

（d）21世纪30年代屯溪站

图 6-16（二） 不同气候变化情景下渔梁站和屯溪站径流变化率

小（－0.37%～1.04%），其所引起的流量增加的作用小于温度升高（0.60～1.27℃）导致的水文效应，因此，河道流量尤其是非汛期流量呈减少趋势；RCP2.6情景下21世纪20年代的流量变化与之类似。

2. 泥沙负荷变化

渔梁站和屯溪站的泥沙负荷变化基本一致，与月径流变化趋势较为相似（图6-17）。从21世纪20年代至30年代，RCP2.6情景下泥沙负荷呈先减少后增加的趋势，RCP4.5情景下泥沙负荷呈持续增加趋势，RCP8.5情景下泥沙负荷呈持续减少趋势。除了RCP2.6和RCP8.5情景下的21世纪20年代以外，三种情景下非汛期（－1.32%～6.41%）和汛期（－1.32%～6.45%）的泥沙负荷变化最为显著。气候变化对月泥沙负荷的影响系数（－6.59%～10.32%）大于年和季节泥沙负荷（－3.09%～6.45%）。在RCP4.5情景下，月泥沙负荷呈持续增加趋势（0～14.88%），从21世纪20年代至30年代影响系数增加了1.63%～7.34%。在RCP8.5情景下，月泥沙负荷呈持续减少趋势（－7.82%～0%），从21世纪20年代至30年代影响系数增加了－1.44%～－0.08%。在RCP2.6情景下，月径流呈先减少（－3.09%～0%）后增加（0.95%～11.83%）的趋势。因此，气候变化主要影响年和月尺度的泥沙负荷量，而未影响泥沙负荷季节分布。

泥沙负荷与相应的降水和径流过程显著相关，研究区基准期的月泥沙负荷与月降水和月径流的相关系数分别大于0.60和0.79（$p<0.05$）。因此，气候变化也对泥沙负荷有较为显著的影响。高强度降水和洪水会加剧流域水土流失，将更多的泥沙冲刷进入河道；气温升高、蒸散发加强引起径流量减少，进而引起泥沙负荷量减少。各情景下泥沙负荷的变化与流量过程较为一致。

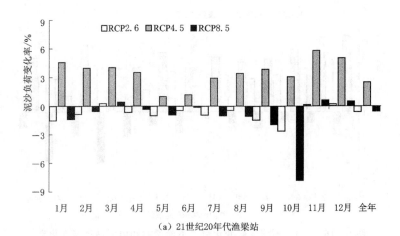

（a）21世纪20年代渔梁站

图6-17（一）　不同气候变化情景下渔梁站和屯溪站泥沙负荷变化率

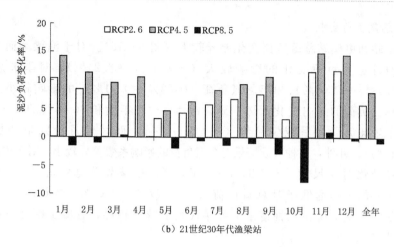

（b）21世纪30年代渔梁站

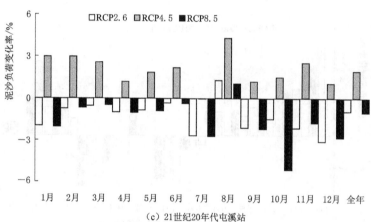

（c）21世纪20年代屯溪站

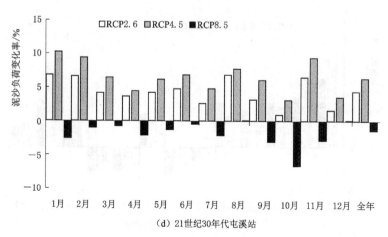

（d）21世纪30年代屯溪站

图 6-17（二） 不同气候变化情景下渔梁站和屯溪站泥沙负荷变化率

3. 总氮负荷变化

渔梁站和屯溪站总氮负荷变化差异较大（图 6-18）。对于渔梁站而言，气候变化对月总氮负荷变化的影响较大（-3.44%～6.21%），对季节总氮负荷（-1.12%～5.62%）和年总氮负荷（0.82%～0.91%）的影响较小。三种情景下总氮负荷的年内变化大体一致，21 世纪 20 年代和 30 年代的 6—7 月和 9—10 月总氮负荷均呈减少趋势（-4%～0%），而其他月份则呈增加趋势（0%～12%）。此外，三种气候情景对总氮负荷的影响系数差异较小。对于屯溪站而言，气候变化对年尺度（-3.58%～-1.70%）和季节总氮负荷（-3.80%～-1.29%）的影响远低于月总磷负荷（-11.77%～2.08%）。除了 8 月以外，其他月份的总氮负荷在三种情景下各年代均呈减少趋势，且减少幅度呈逐年增加的趋势（-8%～0%）。

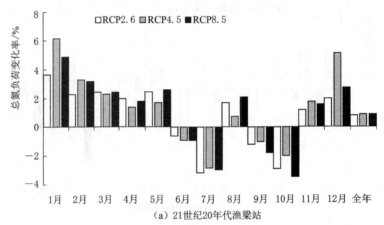

（a）21世纪20年代渔梁站

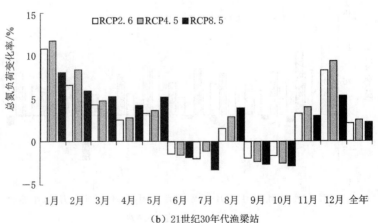

（b）21世纪30年代渔梁站

图 6-18（一） 不同气候变化情景下渔梁站和屯溪站总氮负荷变化率

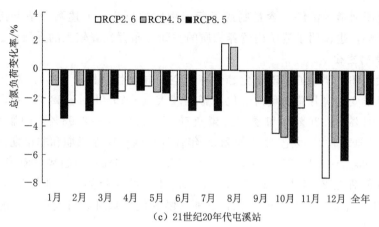

（c）21世纪20年代屯溪站

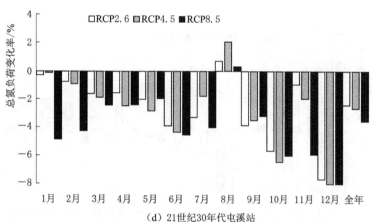

（d）21世纪30年代屯溪站

图6-18（二）　不同气候变化情景下渔梁站和屯溪站总氮负荷变化率

　　气候变化对非点源污染物的影响各异。气温升高和降水增加既可增加也可抑制非点源污染。气温升高可能会引起水温升高，可增强流域营养物质的生物化学反应，促进土壤中的氮磷循环过程，导致氮磷负荷增加。同时，水温升高亦将降低河道内溶解氧含量，抑制河流中营养物质的生物化学反应。因此，气温升高将会导致流域内水质出现不同的变化情况。此外，降水增多，冲刷地表污染物汇入河流的污染负荷增多；河道内流量增加，导致河流的稀释作用增强，亦将促使河道内污染物浓度降低。上述过程的交互作用在流域内营养物质的迁移转化过程中，会引起不同的响应过程。

　　渔梁站多数月份的总氮负荷呈增加趋势，说明流域内气温升高促进营养物质循环过程的作用较为显著，而汛期总氮负荷呈减少趋势，说明溶解氧含量制约了总氮的生化反应过程，且流量增加导致河流稀释作用增强，均导致总氮负荷减少。屯溪站几乎所有月份的总氮负荷均呈减少趋势，且以非汛期减少最为显著，说明河道内溶解氧含量制约了营养物质的反应。上述两个站点营养物质的变化趋势，也说明了流域内营养物质的空间分布存在着较大的异质性。

4. 总磷变化

渔梁站和屯溪站的总磷变化趋势存在空间异质性（图6-19）。对于渔梁站而言，气候变化对月总磷负荷变化的影响较大（-29.98%~22.07%），对年尺度（-3.94%~2.30%）和季节总磷负荷（-2.83%~2.93%）的影响较小。RCP2.6情景下，21世纪20年代和30年代的总磷负荷在汛期和非汛期分别呈减少（-17.94%~-1.32%）和增加（1.15%~10.83%）的趋势。RCP4.5情景下，总磷负荷在2—4月、6—7月、9—12月呈增加趋势，在非汛期呈增加趋势。从21世纪20年代至30年代，三种气候变化情景对总磷负荷的影响系数均呈增加趋势。

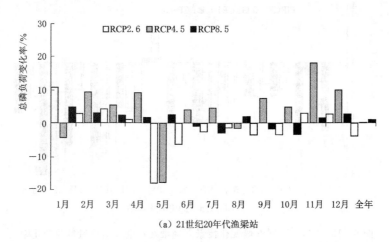

（a）21世纪20年代渔梁站

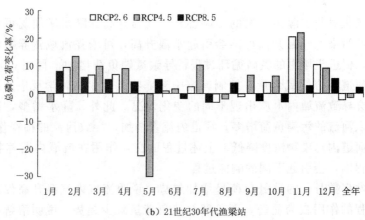

（b）21世纪30年代渔梁站

图6-19（一）　不同气候变化情景下渔梁站和屯溪站总磷负荷变化率

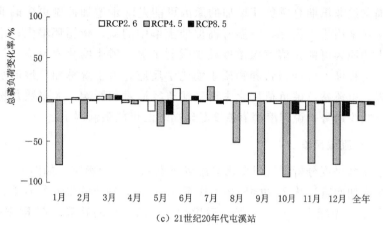

（c）21世纪20年代屯溪站

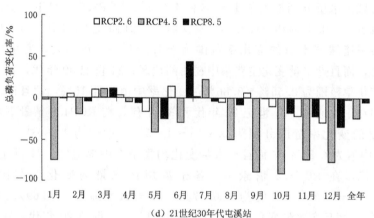

（d）21世纪30年代屯溪站

图 6-19（二）　不同气候变化情景下渔梁站和屯溪站总磷负荷变化率

对于屯溪站而言，气候变化对年尺度（−1.69%～−24.39%）和季节总磷负荷（−36.05%～2.67%）的影响远低于月总磷负荷（−91.55%～44.06%）。三种情景下，季节和年尺度总磷负荷均呈减少趋势，其中非汛期的减少幅度最为显著，年尺度和汛期的减少幅度次之。在 RCP2.6 情景和 RCP8.5 情景下，总磷负荷在 1—2 月、4—12 月和汛期均呈减少趋势；在 RCP4.5 情景下，总磷负荷在除 7 月外的其他月份呈减少趋势。总体而言，在 RCP4.5 情景下总磷负荷的影响系数最大，RCP8.5 情景和 RCP2.6 情景次之。因此，气候变化主要影响总磷负荷的发生时间而不是年均值。

由于土地利用、土壤特性、水文地质条件和土地管理措施的区域差异，研究区非点源污染对气候变化的响应也存在区域异质性。渔梁站上游流域地势较低，主要土地利用类型为水稻田，是非点源污染的主要来源之一。屯溪上游流域地势陡峭，主要土地利用类型为森林和草地，是非点源污染的主要抑制因子之一。渔梁站非汛期总磷负荷增加的原因可能是降水增加冲刷更多的非点源污染负荷从水稻田进入河流，气温升高促使土壤中的氮、磷循环增强；汛期总磷负荷减少的原因可能是溶解氧浓度减少限制了氮、磷生物化学反应，尽管气温升高在一定程度上可增强营养物质生物化学反应。由于森林和草地的水土保持作用较强，屯溪站总磷负荷变化主要受河道径流过程影响。大多数月份的总磷负荷均呈减少趋势，说明溶解氧浓度是磷循环的可能限制因子之一。

6.4.2.2　子流域尺度

从子流域尺度分析了气候变化对流域非点源污染的影响。如图 6-20 所示，相比于基准期而言，从 21 世纪 20 年代至 30 年代，在 RCP2.6 情景下，子流域年均产水量呈先减少（-0.83%）后增加（3.21%）的趋势；在 RCP4.5 情景下，子流域产水量分别增加了 1.43% 和 4.64%；RCP8.5 情景下，子流域产水量分别减少了 -0.86% 和 -1.29%。具体而言，21 世纪 20 年代，在 RCP2.6 情景下，各子流域产水量的变化率范围为 -1.22%～-0.57%，变化率中值为 -0.87%，而且产水量变化主要集中在西部地区；21 世纪 30 年代，各子流域产水量的变化率范围为 2.55%～3.86%，变化率中值 3.15%，而且产水量变化主要集中在中部地区。21 世纪 20 年代和 30 年代，在 RCP4.5 情景下，各子流域产水量的变化率范围分别为 0.81%～1.75%（中值为 1.40%）和 3.89%～5.41%（中值为 4.24%），而且产水量变化均集中在中部地区。21 世纪 20 年代和 30 年代，在 RCP8.5 情景下，各子流域产水量的变化率范围分别为 -1.41%～-0.49%（中值为 -0.77%）和 -2.24%～-0.69%（中值为 -1.11%），而且产水量变化均集中在西部地区。21 世纪 20 年代，在 RCP2.6 情景和 RCP8.5 情景下，子流域产水量减少的空间分布较为一致；21 世纪 30 年代，在 RCP2.6 情景和 RCP4.5 情景下，子流域产水量增加的空间分布较为一致。

如图 6-21 所示，子流域尺度泥沙负荷的变化与产水量变化较为相似。相比于基准期而言，从 21 世纪 20 年代至 30 年代，在 RCP2.6 情景下，子流域年均泥沙负荷呈先减少（-1.08%）后增加（3.91%）的趋势；在 RCP4.5 情景下，子流域泥沙负荷分别增加了 1.88% 和 6.36%；在 RCP8.5 情景下，子流域泥沙负荷分别减少了 -0.88% 和 -1.69%。具体而言，21 世纪 20 年代，在 RCP2.6 情景下，各子流域泥沙负荷的变化率范围为 -7.28%～5.61%，变化率中值为 -0.59%，泥沙负荷减少主要集中在西部地区；21 世纪 30 年代，各子流域泥沙负荷变化率范围为 -3.61%～12.54%，变化率中值 4.47%，泥沙负荷增加主要集中在中部地区。21 世纪 20 年代和 30 年代，在 RCP4.5 情景下，各子流域泥沙负荷的变化率范围分别为 -4.45%～9.08%（中值为 2.47%）和 -2.73%～17.57%（中值为 6.42%），除了西部地区的少数子流域外，全流域

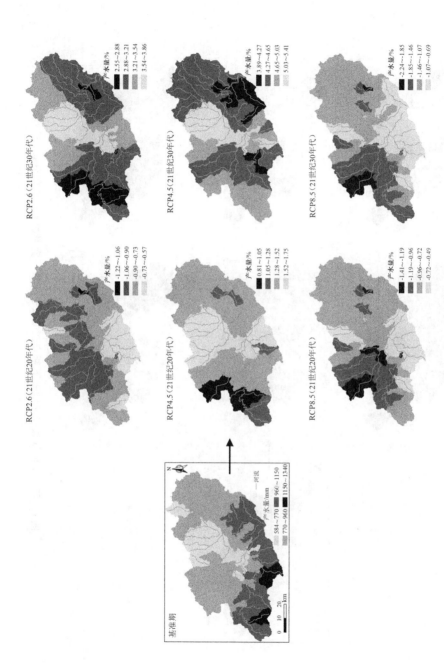

图 6-20 不同气候变化情景下新安江流域子流域尺度产水量空间分布

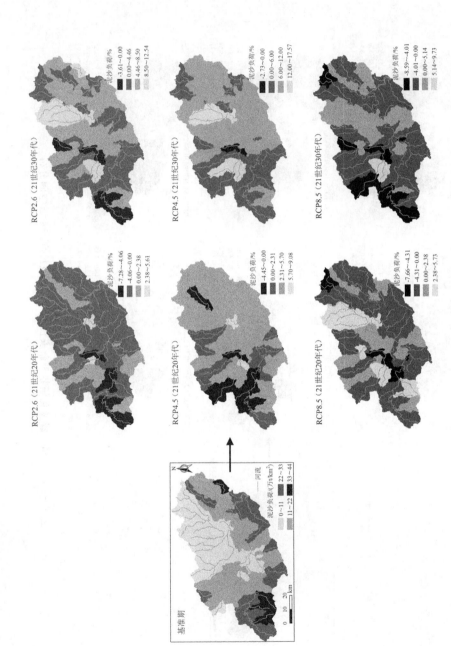

图 6 - 21　不同气候变化情景下新安江流域子流域尺度泥沙负荷空间分布

泥沙负荷均呈增加趋势。21世纪20年代和30年代，在RCP8.5情景下，各子流域泥沙负荷的变化率范围分别为−7.66%～5.73%（中值为−0.53%）和−8.59%～−9.73%（中值为−1.22%），泥沙负荷减少主要分布在西部地区。RCP4.5情景下泥沙负荷变化最为显著，RCP2.6和RCP8.5情景次之。

如图6-22所示，相比于基准期而言，从21世纪20年代至30年代，在RCP2.6情景下，子流域年均总氮负荷分别增加了0.85%和0.40%；在RCP4.5情景下，子流域总氮负荷分别增加了0.27%和0.97%；在RCP8.5情景下，子流域总氮负荷分别减少了−1.06%和−1.38%。具体而言，21世纪20年代，在RCP2.6情景下，各子流域总氮负荷的变化率范围为−7.27%～4.94%，变化率中值为0%；21世纪30年代，各子流域总氮负荷变化率范围为−6.57%～9.64%，变化率中值为1.75%。21世纪20年代和30年代，在RCP4.5情景下，各子流域总氮负荷的变化率范围分别为−4.49%～6.17%（中值为1.32%）和−6.77%～8.43%（中值为2.63%）。21世纪20年代和30年代，在RCP8.5情景下，各子流域总氮负荷的变化率范围分别为−6.76%～2.48%（中值为0%）和−9.98%～6.93%（中值为−0.35%）。三种情景下总氮负荷增加主要集中在北部和中部地区，西部和东部部分地区总氮负荷有所减少。RCP4.5情景下总氮负荷变化最为显著，RCP2.6和RCP8.5情景次之。

如图6-23所示，相比于基准期而言，从21世纪20年代至30年代，在RCP2.6情景下，子流域年均总磷负荷分别变化了−1.74%和−0.71%；在RCP4.5情景下，子流域总磷负荷分别变化了−0.31%和−0.11%；在RCP8.5情景下，子流域总磷负荷分别变化了−2.16%和−3.93%。具体而言，21世纪20年代，在RCP2.6情景下，各子流域总磷负荷的变化率范围为−10.00%～2.90%，变化率中值为−1.38%；21世纪30年代，各子流域总磷负荷变化率范围为−9.00%～6.63%，变化率中值为−0.31%。21世纪20年代和30年代，在RCP4.5情景下，各子流域总磷负荷的变化率范围分别为−6.81%～5.49%（中值为−0.29%）和−10.00%～9.09%（中值为−0.82%）。21世纪20年代和30年代，在RCP8.5情景下，各子流域总磷负荷的变化率范围分别为−9.00%～2.63%（中值为−2.29%）和−11.16%～7.89%（中值为−3.08%）。三种情景下总磷负荷减少主要集中在西部和东部山区，主要的土地利用/植被覆盖类型为森林，具有较强的水土保持作用，可在一定程度上抑制营养物质流失。总磷负荷增加主要集中在北部和中部地区，主要的土地利用类型为水稻和旱地，未来气候情景下降水增加促使营养物质冲刷作用加强，气温升高促使土壤中磷循环过程加强，进而导致总磷负荷呈增加趋势。

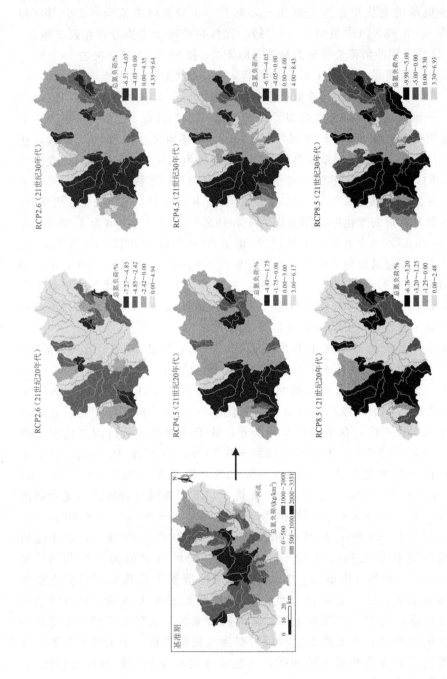

图 6-22　不同气候变化情景下新安江流域子流域尺度总氮空间分布

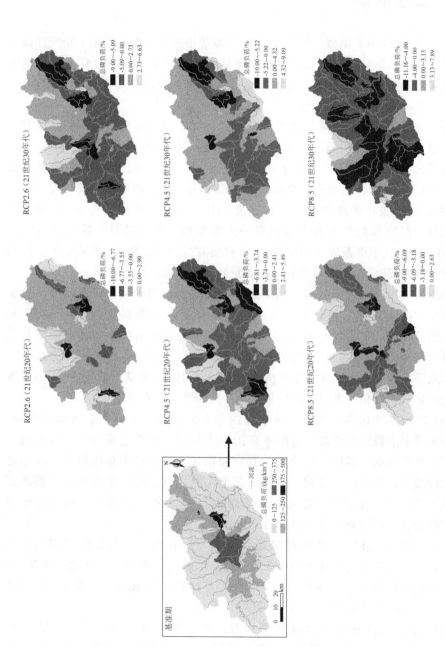

图 6-23　不同气候变化情景下新安江流域子流域尺度总磷空间分布

6.5　本章小结

本章基于 SWAT 模型，结合 SUFI‐2 参数敏感性方法，模拟了新安江流域非点源污染物的运移过程，统计分析了流域尺度和区县尺度非点源污染负荷的时空分布规律，进一步量化了气候变化对流域非点源污染物时空分布的影响。本章的主要研究内容小结如下：

（1）参数敏感性分析可显著提高分布式水文模型的计算效率，研究区非点源污染模拟对 SWAT 模型的水文参数最为敏感，包括 SCS 曲线数（CN2）、含水层渗透比（RCHRG_DP）、基流 alpha 因子（ALPHA_BF）、土壤层有效蓄水容量（SOL_AWC）、土壤蒸发补偿系数（ESCO）、土壤饱和水力传导度（SOL_K）以及子流域特征参数（如平均坡度 HRU_SLP、平均坡长 SLSUBBSN）等，此外，泥沙参数和水质参数也有一定的影响，如河道可侵蚀因子（CH_EROD）、硝酸盐下渗系数（NPERCO）、残余有机物矿化系数（RSDCO）、磷的下渗系数（PPERCO）、土壤中磷的分离系数（PHOSKD）等。

（2）研究区非点源污染模拟结果是令人满意的。对于整个研究时段，流量过程的平均相对误差、相关系数和 Nash‐Sutcliffe 效率系数为 5%、0.95 和 0.90；泥沙过程的各系数为 7%、0.84 和 0.65。总氮负荷的平均相对误差和相关系数分别为 4% 和 0.46，总磷负荷为 8% 和 0.73。SWAT 模型可作为新安江流域非点源污染负荷识别和量化分析的工具，也可进一步基于构建的 SWAT 模型分析评估气候变化对流域水量和非点源污染的影响。

（3）2001—2010 年，歙县和休宁县的非点源污染负荷呈逐年增加的趋势，且对全流域非点源污染负荷的贡献率高达 50% 以上。对于总氮而言，流域内水稻的产污负荷最高，茶园、冬小麦、森林和草地次之；对于总磷而言，水稻的产污负荷最高，冬小麦、茶园、森林和草地次之。农田施肥和牲畜养殖是研究区非点源污染的主要来源，应结合当地实际条件，加强农业管理、牲畜养殖和水土保持措施，以削减流域非点源污染。

（4）RCP4.5 情景下降水增加最为显著（0.40%～3.79%），RCP2.6 情景（−1.79%～3.56%）和 RCP8.5 情景（−1.37%～0.38%）次之。RCP8.5 情景下最高和最低气温增加最为显著（0.60～1.27℃），RCP4.5 情景（0.48～0.98℃）和 RCP2.6 情景（0.52～0.96℃）次之。

（5）由于气温升高导致蒸散发加强，渔梁和屯溪站在 RCP8.5 情景和 RCP2.6 情景下 21 世纪 20 年代的月流量和泥沙负荷均呈减少趋势；由于降水增加，渔梁和屯溪站在 RCP4.5 情景和 RCP2.6 情景下 21 世纪 30 年代的月流量和泥沙负荷均呈增加趋势。渔梁和屯溪两站多数月份总氮负荷分别呈增加和减少趋势；渔梁站总磷负荷呈增加趋势（汛期除外），屯溪站多数月份尤其是汛期总磷负荷呈减少趋势。总体而言，气候变化对总氮和总磷负荷季节分布的影响更为显著，对径流和泥沙负荷的年和月均值影响更为显著。

（6）子流域尺度泥沙、总氮和总磷负荷的变化存在空间异质性。年均产水量和泥沙负荷在 RCP2.6 情景下呈先减少后增加的趋势，在 RCP4.5 和 RCP8.5 情景下分别呈增加和减少趋势。三种气候变化情景下，总氮和总磷负荷减少主要集中在西部和东部山区，总氮和总磷负荷增加主要集中在北部和中部地区。

第7章
结论与展望

7.1 主要结论

　　流域水量水质综合管理是应对水污染危机的重要手段之一，采用流域数值模型详细刻画流域环境水文过程对流域水资源综合管理、水污染灾害缓解等具有重要意义。本书系统分析了调控河流环境水文过程时空变化及人类活动影响，构建了流域环境水文过程数值模型，识别并量化了多种人类活动及气候变化所引发的水文情势变化及潜在的水质问题，并成功用于高度调控和污染的淮河流域以及非点源污染较为严重的新安江流域。通过应用研究表明：

　　（1）利用淮河流域过去 20 余年历史 pH 值、COD_{Mn}、$NH_4 - N$、DO 浓度监测资料检测表明，淮河流域水环境整体状况有所改善。1994—2005 年，约 39%、50% 和 44% 的站点 DO 浓度呈显著增加趋势、COD_{Mn} 和 $NH_4 - N$ 浓度呈显著减少趋势；2008—2018 年，约 32%、14%、41% 和 64% 的断面 pH 值呈显著减少趋势、DO 浓度呈显著增加趋势、COD_{Mn} 和 $NH_4 - N$ 浓度呈显著减少趋势，且水质变化主要集中在非汛期。

　　（2）受人类活动影响剧烈的沙颍河和涡河易于形成水污染聚集中心，2000—2005 年出现了三个高 COD_{Mn} 和 $NH_4 - N$ 浓度聚集中心，2008—2010 年出现了两个高 COD_{Mn} 和 $NH_4 - N$ 浓度聚集中心、三个低 DO 浓度聚集中心。水质指标空间分布模式可能与流域污染减排、污水处理设施不完善、闸坝调控和水质站的地理位置等因素有关，受近年来点源污染治理、水量水质联合调度等影响，水质指标逐渐呈现空间正相关性，流域水污染问题的局部性减弱。

　　（3）流域水质恶化主要与点源排污、流域调控、水温和土地利用变化有关，在 21 世纪初期，点源排污与付桥、蒙城、阜阳、颍上及鲁台子的水质恶化情况呈正相关关系。水质恶化情况与子流域尺度的农田和城镇土地利用变化呈正相关，与森林和水域面积变化呈负相关。

　　（4）闸坝调控对淮河流域水文水质过程的影响各异。闸门全开可增加槐店闸、颍上闸、临淮岗闸和蚌埠闸全年和非汛期的平均流量、低流量和高流量，减少阜阳闸的平均流量、低流量和高流量；降低槐店闸、临淮岗闸和蚌埠闸的水位，抬高阜阳闸和颍上闸的水位；现状排污模式下，临淮岗闸、槐店闸和阜阳闸的现状调度规则可改善水质状况。

（5）淮河流域水质变化主要受点源排污（12%～43%）、非点源污染流失（0～23%）和闸坝调控（－29%～20%）影响。槐店闸、临淮岗闸对水质恶化有遏制作用，水质恶化主要是由污染源排放引起；颍上闸和蚌埠闸水质超标是由污染源排放和现状闸坝调控共同引起的，其中污染源的综合贡献率在60%～80%之间。应采取科学的防洪防污联防调度、污染源削减、排水管网建设、非点源污染治理等综合水质管理措施改善区域水环境状况。

（6）不同土地利用类型对新安江流域非点源污染负荷的贡献各异。降水和产流量较大的地区集中在南部山区，多为森林和草地覆盖的源头地区，相应的土壤侵蚀也较为严重；总氮和总磷负荷主要来源于流域中北部地区的水稻田、茶园和冬小麦等。水稻的总氮、总磷负荷最高，茶园和冬小麦次之，森林和草地最低。随着流域经济发展和人口增长，2010年全流域总氮、总磷负荷约比10年前增加了1.1～2倍。

（7）气候变化对径流和泥沙负荷的年和月均值影响更为显著，对总氮和总磷负荷季节分布的影响更为显著。从21世纪20年代至30年代，RCP2.6情景下渔梁站和屯溪站的径流和泥沙负荷呈先减少后增加的趋势，RCP4.5情景下呈持续增加趋势，RCP8.5情景下呈持续减少趋势。三种情景下渔梁站和屯溪站多数月份总氮负荷分别呈增加和减少趋势；渔梁站非汛期总磷负荷呈增加趋势，屯溪站多数月份尤其是汛期总磷负荷呈减少趋势。

（8）子流域尺度泥沙、总氮和总磷负荷对气候变化的响应存在空间异质性。年均产水量和泥沙负荷在RCP2.6情景下呈先减少后增加的趋势，在RCP4.5和RCP8.5情景下分别呈增加和减少趋势。三种气候变化情景下，总氮和总磷负荷减少主要集中在西部和东部山区，总氮和总磷负荷增加主要集中在北部和中部地区。

7.2　研究展望

调控流域环境水文过程内在机理和环境变化影响机制极为复杂，受认识所限，本书仍有许多不足之处有待进一步研究和完善。例如：

（1）加强流域坡面产汇流及污染负荷过程基本理论研究。流域坡面水文过程及伴随的污染负荷过程较为复杂，应在加强理论研究的基础上，开展相关的室内人工降雨实验等，研究污染负荷与降雨、径流以及下垫面特性之间的关系，并通过不同土地利用、土壤属性以及雨强、降雨量等情况下的流量及污染物浓度监测数据，检验所构建的坡面非线性降雨-径流-污染物响应方程。

　　（2）加强流域环境水文过程数值模型不确定性影响评估研究。流域现有监测站网密度较小，采集的水情水质序列并不能完全反映流域实际环境水文过程，且无法满足参数率定的需求等。因此，模型输入、模型结构和参数等均存在较大的不确定性，对流域水量水质综合管理的决策制定有较大影响。今后应进一步开展模型参数和结构对模型输出结果的不确定性影响，减少模型中存在的不确定性来源，提高模型模拟和量化评估的精度。

参 考 文 献

国家气候中心，2012. 中国地区气候变化预估数据集 Version 3.0 [DB/OL]. http：//
　www. climatechange – data. cn/.

华士乾，文康，1955. 论流域汇流的数学模型（第二部分非线性模型）[J]. 水利学报，(6)：
　1 – 13.

康玲，王乘，姜铁兵，2006. Volterra 神经网络水文模型及应用研究 [J]. 水力发电学报，
　25 (5)：22 – 26.

廖庚强，2013. 基于 Delft3D 的柳河水动力与泥沙数值模拟研究 [D]. 北京：清华大学.

林而达，许吟隆，蒋金荷，等，2006. 气候变化国家评估报告（Ⅱ）：气候变化的影响与适应
　[J]. 气候变化研究进展，2 (2)：51 – 56.

刘青泉，李家春，陈力，等，2004. 坡面流及土壤侵蚀动力学（Ⅱ）——土壤侵蚀 [J]. 力学
　进展，34 (4)：493 – 506.

罗文，罗畏，2011. 基于空间统计的水质相关性分析 [J]. 水电能源科学，29 (3)：27 – 30.

雒文生，宋星原，2000. 水环境分析及预测 [M]. 武汉：武汉大学出版社.

祁继英，阮晓红，2005. 大坝对河流生态系统的环境影响分析 [J]. 河海大学学报（自然科学
　版），33 (1)：37 – 40.

任婷玉，梁中耀，陈会丽，等，2019. 基于模式识别方法的湖泊水质污染特征聚类研究 [J].
　北京大学学报（自然科学版），55 (2)：335 – 341.

宋刚福，沈冰，2012. 基于生态的城市河流水量水质联合调度模型 [J]. 河海大学学报（自然
　科学版），40 (3)：258 – 263.

孙大志，李绪谦，潘晓峰，2007. 氨氮在土壤中的吸附/解吸动力学行为的研究 [J]. 环境科
　学与技术，30 (8)：16 – 18.

汪恕诚，2004. 论大坝与生态 [J]. 水力发电，30 (4)：1 – 4.

王钦梁，1982. 迟滞瞬时汇流模型 [J]. 水文，(1)：13 – 19.

吴晓玲，王船海，2008. 基于水动力学模型的实时糙率反推在洪水预报中的应用 [J]. 水电能
　源科学，26 (5)：43 – 45.

夏军，雒新萍，曹建廷，等，2015. 气候变化对中国东部季风区水资源脆弱性的影响评价
　[J]. 气候变化研究进展，11 (1)：8 – 14.

夏军，翟晓燕，张永勇，2012. 水环境非点源污染模型研究进展 [J]. 地理科学进展，
　31 (7)：941 – 952.

夏军，2002. 水文非线性系统理论与方法 [M]. 武汉：武汉大学出版社.

徐祖信，尹海龙，2005. 平原感潮河网地区一维，二维水动力耦合模型研究 [J]. 水动力学研
　究与进展：A 辑，19 (6)：744 – 752.

姚成，章玉霞，李致家，2013. 扩散波与马斯京根法在栅格汇流演算中的应用比较 [J]. 河海
　大学学报：自然科学，(1)：6 – 10.

翟家瑞，1997. 分层马斯京根流量演算方法 [C]. 水利科技的世纪曙光 水利系统首届青年学

术交流会优秀论文集. 北京：中国科学技术出版社.

翟盘茂, 王萃萃, 李威, 2007. 极端降水事件变化的观测研究 [J]. 气候变化研究进展, 3 (3)：144 - 148.

张东辉, 张金存, 刘方贵, 2007. 关于水文学中非线性效应的探讨 [J]. 水科学进展, 18 (5)：776 - 784.

张文华, 1965. 用非线性槽蓄方程进行洪水演进计算 [J]. 水利学报, (1)：39 - 41.

张永勇, 夏军, 程绪水, 等, 2011. 多闸坝流域水环境效应研究及应用 [M]. 北京：中国水利水电出版社.

张永勇, 夏军, 吴时强, 等, 2013. 气候变化对河湖水环境生态影响及其对策 [M]. 北京：中国水利水电出版社.

赵人俊, 1979. 马斯京根法——河道洪水演算的线性有限差解 [J]. 河海大学学报 (自然科学版), (1)：44 - 56.

周利, 2006. 农业非点源污染迁移转化机理及规律研究 [D]. 南京：河海大学.

ANTONOPOULOS V Z, PAPAMICHAIL D M, MITSIOU K A, 2001. Statistical and trend analysis of water quality and quantity data for the Strymon River in Greece [J]. Hydrology and Earth System Sciences, 5 (4)：679 - 692.

BRODY S D, HIGHFIELD W, PECK B M, 2005. Exploring the mosaic of perceptions for water quality across watersheds in San Antonio, Texas. Landscape and Urban Planning, 73 (2 - 3)：200 - 214.

CAO X K, LIU Y R, WANG J P, et al., 2020. Prediction of dissolved oxygen in pond culture water based on K - means clustering and gated recurrent unit neural network [J]. Aquacultural Engineering, 91：102122.

CARDONA C M, MARTIN C, SALTERAIN A, et al., 2011. CALHIDRA 3.0 - New software application for river water quality prediction based on RWQM1 [J]. Environmental Modelling & Software, (26)：973 - 979.

CHENG F, ZIKA U, BANACHOWSKI K, et al., 2006. Modelling the effects of dam removal on migratory walleye (Sander vitreus) early life - history stages [J]. River Research and Applications, 2006, 22 (8)：837 - 851.

DENG Z Q, DE LIMA J L M P, SINGH V P, 2005. Transport rate - based model for overland flow and solute transport：Parameter estimation and process simulation [J]. Journal of Hydrology, (315)：220 - 235.

ELDER J W, 1959. The dispersion of marked fluid in turbulent shear flow [J]. Journal of Fluid Mechanics, 5 (4)：544 - 560.

FISHER M, SCHOLTEN H, UNWIN D, 1996. Spatial analytical perspectives on GIS in environmental and socio - economic sciences [M]. London：Taylor and Francis, 111 - 125.

GOUTAL N, SAINTE - MARIE J, 2011. A kinetic interpretation of the section - averaged Saint - Venant system for natural river hydraulics [J]. International Journal of Numerical Methods in Fluids, (67)：914 - 938.

KIM J, WARNOCK A, IVANOV V Y, et al., 2012. Coupled modeling of hydrologic and hydrodynamic processes including overland and channel flow [J]. Advances in Water Resources, (37)：104 - 126.

KIM T I, CHOI B H, LEE S W, 2006. Hydrodynamics and sedimentation induced by large-scale coastal developments in the Keum River Estuary, Korea [J]. Estuarine, Coastal and Shelf Science, 68 (3): 515 – 528.

KOUSSIS A D, RODRÍGUEZ – MIRASOL J, 1998. Hydraulic estimation of dispersion coefficient for streams [J]. Journal of Hydraulic Engineering, 124 (3): 317 – 320.

LEE E, SEONG C, KIM H, et al. , 2010. Predicting the impacts of climate change on nonpoint source pollutant loads from agricultural small watershed using artificial neural network [J]. Journal of Environmental Sciences, 22 (6): 840 – 845.

LI Z H, HUANG J, LI J. , 1998. Preliminary study on longitudinal dispersion coefficient for the gorges reservoir [C] // Proceedings of the Seventh International Symposium Environmental Hydraulics. China: Hong Kong.

LIBISELLER C, GRIMVALL A, 2002. Performance of partial Mann – Kendall test for trend detection in the presence of covariates [J]. Environmetrics, 13 (1): 71 – 84.

LIU H, 1977. Predicting dispersion coefficient of streams [J]. Journal of the Environmental Engineering Division, 103 (1): 59 – 69.

LOPES L F G, DO CARMO J S A, CORTES R M V, et al. , 2004. Hydrodynamics and water quality modelling in a regulated river segment: application on the instream flow definition [J]. Ecological Modelling, 173 (2): 197 – 218.

MAHESWARAN R, KHOSA R, 2012. Wavelet – Volterra coupled model for monthly stream flow forecasting [J]. Journal of Hydrology, 450: 320 – 335.

MCQUIVEY R S, KEEFER T N, 1974. Simple method for predicting dispersion in streams [J]. Journal of the Environmental Engineering Division, 100 (4): 997 – 1011.

MIZUMURA K, 2012. Analytical Solution of Nonlinear Diffusion Wave Model [J]. Journal of Hydrologic Engineering, 17 (7): 782 – 789.

PAIVA R C D, COLLISCHONN W, BUARQUE D C, 2013. Validation of a full hydrodynamic model for large – scale hydrologic modelling in the Amazon [J]. Hydrological Processes, 27 (3): 333 – 346.

PARK J H, DUAN L, KIM B, et al. , 2010. Potential effects of climate change and variability on watershed biogeochemical processes and water quality in Northeast Asia [J]. Environment International, 36 (2): 212 – 225.

RAJITH M, SONI M P, ELLIOT M S, et al. , 2013. Suspended sediment source areas and future climate impact on soil erosion and sediment yield in a New York City water supply watershed, USA [J]. Geomorphology, 183: 110 – 119.

RENDON H O, 1978. Unit sediment graph [J]. Water Resources Research, 14 (5): 889 – 901.

RINALDO A, BERTUZZO E, BOTTER G, 2005. Nonpoint source transport models from empiricism to coherent theoretical frameworks [J]. Ecological Modelling, 184 (1): 19 – 35.

SAHOO G B, RAY C, CARLO E H D, 2006. Use of neural network to predict flash flood and attendant water qualities of a mountainous stream on Oahu, Hawaii [J]. Journal of Hydrology, 2006, 327 (3): 525 – 538.

SEO I W, CHEONG T S, 1998. Predicting longitudinal dispersion coefficient in natural streams [J]. Journal of Hydraulic Engineering, 124 (1): 25 – 32.

SHIRANGI E, KERACHIAN R, BAJESTAN M S, 2008. A simplified model for reservoir operation considering the water quality issues: Application of the Young conflict resolution theory [J]. Environmental Monitoring and Assessment, 146 (1 – 3): 77 – 89.

TU J, 2009. Combined impact of climate and land use changes on streamflow and water quality in eastern Massachusetts, USA [J]. Journal of Hydrology, 379 (3 – 4): 268 – 283.

VÖRÖSMARTY C J, MCINTYRE P B, GESSNER M O, et al., 2010. Global threats to human water security and river biodiversity [J]. Nature, 467 (7315): 555 – 561.

WALLACH R, GRIGORIN G, BYK J R, 2001. A comprehensive mathematical model for transport of soil – dissolved chemicals by overland flow [J]. Journal of Hydrology, 247 (1): 85 – 99.

WILLIAMS J R, 1978. A sediment graph model based on an instantaneous unit sediment graph [J]. Water Resources Research, 14 (4): 659 – 664.

WU L, LONG T Y, LIU X, et al., 2012. Impacts of climate and land – use changes on the migration of non – point source nitrogen and phosphorous during rainfall – runoff in the Jialing River Watershed, China [J]. Journal of Hydrology, 475: 26 – 41.

WU W M, VIEIRA D A, WANG S S Y, 2004. One – dimensional numerical model for nonuniform sediment transport under unsteady flows in channel networks [J]. Journal of Hydraulic Engineering, 130 (9): 914 – 923.

XIA J, CHENG S B, HAO X P, et al., 2010. Potential impacts and challenges of climate change on water quality and ecosystem: case studies in representative rivers in China [J]. Journal of Resources and Ecology, 1 (1): 31 – 35.

YAN M, KAHAWITA R, 2000. Modelling the fate of pollutant in overland flow [J]. Water Research, 34 (13): 3335 – 3344.

ZHAI X Y, XIA J, ZHANG Y Y, 2014. Water quality variation in the highly disturbed Huai River Basin, China from 1994 to 2005 by multi – statistical analyses [J]. Science of the Total Environment, 496: 594 – 606.

ZHANG F, YEH G T G, 2004. A general paradigm of modeling two – dimensional overland watershed water quality [J]. Developments in Water Science, 55 (2): 1491 – 1502.

ZHANG M L, SHEN Y M, GUO Y K, 2008. Development and application of a eutrophication water quality model for river networks [J]. Journal of Hydrodynamics, 20 (6): 719 – 726.

ZINGALES F, MARANI A, RINALDO A, et al., 1984. A conceptual model of unit – mass response function for nonpoint source pollutant runoff [J]. Ecological Modelling, 26 (3): 285 – 311.